Mathematical Life

数理的人生
~教養と実務~

松延宏一朗 著

現代数学社

本書は，現代数学社の月刊誌「理系への数学」の連載記事「物理・工学のための数学」をもとに，加筆・再構成したものである．連載記事の部分は第1部の数理的教養としてまとめ，第2部は新たに執筆した．

　20世紀は科学技術と戦争の時代であった．21世紀は振興著しい中国・インドなどが台頭し，日本はそれほどの成長は望めないと言われる．日本は長らく不況といわれるが，経済的には成熟してしまい，賃金も高く，成長する余裕がないのだろう．高付加価値のサービスを生む産業構造に転換していかなければならないとも言われている．経済については全くの門外漢なので，何とも言えないが，数理的な知識や技術なしには日本が満足のいく状況にはなっていかないだろうことは誰もが共通にもつ予想だろう．

　2010年のノーベル化学賞が2人の日本人に与えられたことは記憶に新しい．最近の日本人受賞者の業績には，純粋な科学的業績だけでなく，応用に結びついた業績が目立つ．どのような場合でも基礎と応用は深く結びついたものである．基礎を固めることによってそれをもとにした無限の応用の可能性がでてくるし，応用するにはそもそも基礎がしっかりしていなければならない．応用することによって改めて基礎を見直すこともある．例えば，無線通信技術の基礎は，電気と磁気の統一理解を集約した偏微分方程式（Maxwell方程式）に支えられていて，カーナビに使われているGPS技術は，Einsteinの純粋な物理的思考の産物である一般相対性理論にその基礎を依存している．逆に，様々な技術によって正確に行われた宇宙観測結果によって物理学の理論的基礎が見直されることもある．ノーベル賞は純粋な基礎研究に与えられるというイメージがあったが，最近の受賞対象は応用技術に直接つながる基礎研究がかなり評価されているようにも感じる．基礎だ応用だと区分けするより，その相互作用が素晴らしいものを生み出している科学の事情を反映しているのかもしれない．

　基礎か応用か云々と言う前に，そもそも理系的話題に関心が向かないと始まらない．日本で数学や理科が好きだというといわゆる理系オタクとして少し否定的な目で見られる習慣があるのが気になる．コンピューターを少し上級な使い方をすると周囲の人々は関心を示すどころか離れていく．こ

のような経験を重ねていくと，このような話題を共有しようという気がなくなる．周囲は「こんなマニアックな人にはついていけない」と思い込み，当人は「自分しか理解できないんだ」と思い込んでしまう．アナログ人間とデジタル人間とそれぞれ自称する人が多いのもこうした事情によるものだろう．こうして，IT 化が進まない一因をみることができる．コンピューターの知識・技術は明らかに理系的であり，理系的素養を受け入れない社会では IT 化は進まない．どのような分野でも数理的な知識と技術は生活の安全のために必要であるし，我々の生活を豊かにしてくれるはずなのに，日本で理系は冷遇されているらしい．米国で Google など理系企業が成功し，銀行などにも理系の人材が重宝されている話をよく聞くが，日本はどうなのか．日本が成長する余裕がなくなるだけでなく，没落していくとすれば，それは優秀な理系の人材が育たなくなることが一因になるだろう．

　第 1 部で物理や工学を題材に数理的教養の一例として知的好奇心を念頭においてまとめた．第 2 部で，身近な Office ソフトで実務をこなす例を解説し，数理的に仕事を行うことがいかに業務効率を挙げることになるかを示した．数理的な教養をもち，実務でも数理的に仕事をこなす．理系人として生きることは，知性を豊かにし，業務効率も上がって仕事が楽になるのである．ただ，ここで取り上げる実務は業種としては文系である．いかにもエンジニアらしい仕事で，高度なテクニックが必要というわけではない．文系の人でも，簡単な論理と忍耐力さえあれば十分実行可能な実務を取り上げている．

　第 1 部と第 2 部は全く別な本と思った方がよい．「数理的」というテーマは一貫しているが，第 1 部の知識を第 2 部で活用するなどといったことは行っていない．もちろん，背後ではそのようなことが行われているともいえるのだが．このことは，現実社会での数理的知識もそういった事情にあることを反映している．例えば，大学で理学部数学科や理学部物理学科で数理的教養を身に付けた人が，そのままの知識をストレートに生かして実務を行っている人はそう多くないだろう．逆に，現実社会でコンピュータを駆使して業務を行っている人すべてが微分積分の計算を日常的にやって

いることもないだろう．このように，数理的教養と数理的実務は技術のブラックボックス化にともなって互いに独立なもののように見える．しかし，どんなに高度化した技術がブラックボックス化しても，その背後は繋がっているのだということを忘れずにいたい．

平成 24 年 4 月 18 日　松延宏一朗

目次

第 I 部　数理的教養　　1

第 1 章　はじめに　　5

第 2 章　偶然の数理　　23
- 2.1　確率　　23
- 2.2　期待値　　25
- 2.3　身近な応用　　30
  - 2.3.1　確率　　30
  - 2.3.2　期待値　　32

第 3 章　電磁気学の数理　　39
- 3.1　電気回路と複素数　　42
- 3.2　Maxwell 方程式と複素数—その 1　　43
- 3.3　Maxwell 方程式と複素数—その 2　　48
  - 3.3.1　高校数学の問題　　48
  - 3.3.2　導体中の Maxwell 方程式　　50

第 4 章　量子力学の数理　　59
- 4.1　対称性と保存則　　61
  - 4.1.1　電子波の反射と屈折　　66
  - 4.1.2　確率流密度でみる　　74
  - 4.1.3　Newton 力学の場合　　77
- 4.2　量子力学と複素数　　78

第 5 章　信号処理の数理　　79

- 5.1　Fourier 解析 79
  - 5.1.1　数学的基礎から応用へ 80
  - 5.1.2　直観的理解を深める 88
  - 5.1.3　不確定性関係 94
- 5.2　Laplace 解析 97
  - 5.2.1　Laplace 変換の定義 97
  - 5.2.2　初等関数の Laplace 変換 98
  - 5.2.3　Laplace 変換の基本性質 100
  - 5.2.4　Heaviside 関数の Fourier 変換 106
  - 5.2.5　線形システム解析 109
  - 5.2.6　部分分数分解 120
  - 5.2.7　反転公式と安定性・因果律 126
- 5.3　離散 Fourier 変換 132
  - 5.3.1　標本化定理 132
  - 5.3.2　離散 Fourier 変換 135
  - 5.3.3　高速 Fourier 変換 138

第 6 章　重力の数理　　145

- 6.1　測地線方程式と曲率テンソル 146
- 6.2　具体的計算 147

第 II 部　数理的実務　　159

第 1 章　Office ソフトの現状　　163

第 2 章　Office ソフトの標準機能　　167

- 2.1　Excel の外部データ取り込み機能 167
  - 2.1.1　データベースクエリ 168
  - 2.1.2　データベースクエリの活用具体例 169

2.2 Word のフィールド機能 170

    2.2.1 フィールドとは何か 170

    2.2.2 フィールドの活用具体例 173

第 3 章　Office ソフトの実務連携　　　　　　　　　181

3.1 調査書発行 181

3.2 Excel でデータ準備 184

3.3 Word で印刷様式作成 185

3.4 Excel データを Word に差し込む 186

3.5 Excel データの所見入力 188

    3.5.1 データフォームの利用 188

    3.5.2 ワークシート直接編集 189

    3.5.3 その他 190

第 4 章　Office ソフトの高度な連携と限界　　　　　　191

関連図書　　　　　　　　　　　　　　　　　　　　　　193

索　　引　　　　　　　　　　　　　　　　　　　　　　194

第I部

数理的教養

昔は大学に教養部というのがあって，新入生はどの学部学科で募集されていてもすべて一旦教養部の学生になり，広い分野の一通りの勉強をして専門の学部学科課程に進学していた．筆者が大学生の頃も「科学哲学の講義で数式を使った相対性理論を習った」などという話を聞いたものである．工学部募集で入学すると，必修の専門基礎教育科目をたくさんとらねばならず，教養課程の講義に選択の自由があまりない．現在では大学の教養部は解体した．その理由をよく知らない．教養課程があるから，そこに在籍する学生が真剣に勉強せず結果として大学がレジャーランド化してしまう，というのは事実だろう．バブル絶頂期直前の大学生が教養部をなくしてしまったのだろうか．

　大学を卒業しても自分の専門学部の知識と密接な関係がある仕事をしている人は少ないだろうから，教養課程で学んだことなどすっかり忘れているのが普通だろう．ここでは，教養は，どこでどのように学ぼうとも，とにかく自らの知的活動の土台になっている知識，あるいはなりうる知識のことを意味することにしよう．まずは，その知識を忘れていないことが絶対条件になる．専門的教育を受けなくても，自分でむさぼるように読んだ本から得られた知識なら，今でもよく覚えていることもあるだろう．それは立派な教養である．そのような教養からは，趣味であれ仕事であれ，現在の生活に関わるものである，あるいはその可能性がある．

　このような意味で数理的な教養はどんなものか．数式を自在に操るというのはその特徴である．言葉であっても科学の雰囲気を分かりやすく伝えることはできる．しかし，一定の結果を導いたり，実務に活用するとなると，数式をある程度扱うことができなければならない．そのような意味で，数理的教養の中に数式処理能力は必須である．したがって，以下では内容的には数式という装いをもつことになる．

第1章

はじめに

　個別のテーマに入る前に，第1部のテーマである教養とは何かということをいくつかの数学の問題を自由に解いてみて考えてみよう．

　高校生が数学の大学入試問題などを解くとき，高校生ならもちろん高校教員も高校数学の範囲内で解こうとするし，解説しようとする．このとき，その問題が想定している手法以外の手法や高校数学の範囲外の知識を使ったりすると「それはＮＧだ」と批判される．しかし，どうしても高校数学の範囲内で解きにくい場合は，例えば一旦大学の数学を使って解いて改めて解法を考えることもできるし，問題の本質をとらえることもできる．もし問題が入試問題でなければ，問題解決のためにはあらゆる知見を試みるのがふつうである．

　教養とは問題の本質をとらえてもっと素晴らしい世界に入るための道具となりうるのである．教養も使ってこそ意味のあるものになり，現実の問題にも活用すべきものだ．決して飾りで終わってはいけない．

　ここでは，高校生用につくられた主に大学入試問題（またはその変形や拡張）を大学数学の教養を用いて解いてみる．

　手始めに，ある問題集に載っていた平面幾何の問題をベクトルで解決してみよう．

> $\triangle$OAB について OA > OB であるとする．∠AOB およびその外角の二等分線が辺 BC およびその延長上と交わる点をそれぞれ C, D とし線分 CD の中点を M とする．このとき OM は $\triangle$OAB の外接円に接することを証明せよ．

（証）$OA = p, OB = q, \angle AOB = \theta, AB = r$ とし，$\vec{p} = \overrightarrow{OA}, \vec{q} = \overrightarrow{OB}$ おく．C, D は辺 AB を $p:q$ にそれぞれ内分，外分する点であるから，

$$\overrightarrow{OC} = \frac{q\vec{p} + p\vec{q}}{p+q}, \overrightarrow{OD} = \frac{-q\vec{p} + p\vec{q}}{p-q} \tag{1.1}$$

したがって，

$$\overrightarrow{OM} = \frac{1}{2}(\overrightarrow{OC} + \overrightarrow{OD}) = \frac{-q^2\vec{p} + p^2\vec{q}}{p^2 - q^2} \tag{1.2}$$

ここで

$$\overrightarrow{BM} = \overrightarrow{OM} - \overrightarrow{OB} = \frac{-q^2\vec{p} + p^2\vec{q}}{p^2 - q^2} - \vec{q} = \frac{q^2(\vec{q} - \vec{p})}{p^2 - q^2} = \frac{q^2}{p^2 - q^2}\overrightarrow{AB} \tag{1.3}$$

において $p > q$ であるから，M は辺 AB の B 側の延長上にある．

さて，まず OM を計算しよう．

$$OM^2 = \frac{q^4 p^2 + p^4 q^2 - 2p^2 q^2 pq\cos\theta}{(p^2 - q^2)^2} = \frac{q^2 p^2 (q^2 + p^2 - 2pq\cos\theta)}{(p^2 - q^2)^2} = \frac{p^2 q^2 r^2}{(p^2 - q^2)^2}$$

$$OM = \frac{pqr}{p^2 - q^2} \tag{1.4}$$

ゆえに

$$\frac{\overrightarrow{OM} \cdot \overrightarrow{OB}}{OM \cdot OB} = \frac{\dfrac{(-q^2\vec{p} + p^2\vec{q}) \cdot \vec{q}}{p^2 - q^2}}{\dfrac{pqr}{p^2 - q^2} q} = \frac{pq^2(p - q\cos\theta)}{pq^2 r} = \frac{p - q\cos\theta}{r} \tag{1.5}$$

一方

$$\frac{\overrightarrow{AO} \cdot \overrightarrow{AB}}{AO \cdot AB} = \frac{-\vec{p} \cdot (\vec{q} - \vec{p})}{pr} = \frac{p - q\cos\theta}{r} \tag{1.6}$$

であるから，

$$\frac{\vec{OM} \cdot \vec{OB}}{OM \cdot OB} = \frac{\vec{AO} \cdot \vec{AB}}{AO \cdot AB}, \ \cos\angle BOM = \cos\angle A \qquad (1.7)$$

となり，これは ∠BOM = ∠A を意味するから，接線と弦の定理の逆から OM は三角形 OAB の外接円に接する．(終)

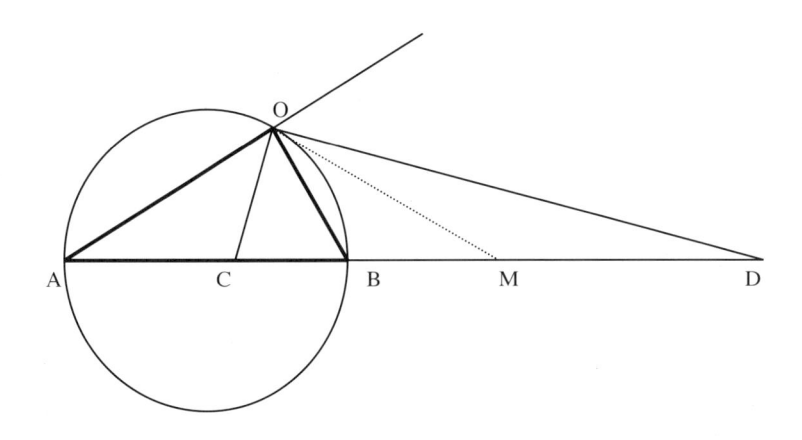

※確かに平面幾何的手法が完結に解ける．しかし，ベクトル計算が得意ならあまり頭を使わずにベクトルの計算を続けるだけでもこのように解決できる．平面幾何はベクトルや図形の方程式の単純計算で解決できることが結構ある．

次の問題も，業者の作った問題を一般化したものである．

> n を自然数，k を $0,1,2,3,4$ のいずれかとする．正四面体があり，4つの各面は白または赤で塗られているとする．
>
> 最初に正四面体の 4 面すべてを白で塗っておく．正四面体を 1 回投げて底面になった面をその色とは異なる色で塗り替えるという操作を繰り返し行う．すなわち 1 回投げて底面が白なら赤に塗り替え，底面が赤なら白に塗り替える．
>
> 操作を n 回繰り返したとき，赤の面の個数が k である確率 $P_n(k)$ を n の式で表わせ．

まず，$n = 0$ を操作を行う前とすれば初期状態の確率が次のようになる．

$$P_0(0) = 1, P_0(1) = P_0(2) = P_0(3) = P_0(4) = 0 \tag{1.8}$$

そして次の漸化式によって状態確率が発展していく．

$$\begin{cases} P_{n+1}(0) &= P_n(1) \times \frac{1}{4} \\ P_{n+1}(1) &= P_n(0) + P_n(2) \times \frac{1}{2} \\ P_{n+1}(2) &= P_n(1) \times \frac{3}{4} + P_n(3) \times \frac{3}{4} \\ P_{n+1}(3) &= P_n(2) \times \frac{1}{2} + P_n(4) \\ P_{n+1}(4) &= P_n(3) \times \frac{1}{4} \end{cases} \tag{1.9}$$

これらの式から直ちに

$$P_n(0) + P_n(1) + P_n(2) + P_n(3) + P_n(4) = 1 \tag{1.10}$$

がでる．そこで，

$$O_n = P_n(1) + P_n(3)\,, E_n = P_n(0) + P_n(2) + P_n(4) = 1 - O_n \tag{1.11}$$

とおくと，漸化式より

$$O_{n+1} = P_{n+1}(1) + P_{n+1}(3) = P_n(0) + P_n(2) + P_n(4) = E_n = 1 - O_n, \ O_0 = 0$$
$$\therefore O_n = \frac{1-(-1)^n}{2}, \ E_n = 1 - O_n = \frac{1+(-1)^n}{2}$$
(1.12)

を得る．漸化式の真ん中の式より，

$$P_n(2) = \frac{3}{4}O_{n-1} = \frac{1+(-1)^n}{2}\frac{3}{4} \ (n \geqq 1) \tag{1.13}$$

が成り立つ．この式を E_n の定義式に代入して，

$$P_n(0) + P_n(4) = E_n - P_n(2) = \frac{1+(-1)^n}{8} \ (n \geqq 1) \tag{1.14}$$

となる．

$P_n(2) = \frac{1+(-1)^n}{2}\frac{3}{4} \ (n \geqq 1)$ は求まったので残りの確率を求める．すでに $P_n(1) + P_n(3) = O_n = \frac{1-(-1)^n}{2}$ と $P_n(0) + P_n(4) = \frac{1+(-1)^n}{8} \ (n \geqq 1)$ が求まっているので $P_n(1) - P_n(3) \equiv a_n$ と $P_n(0) - P_n(4) \equiv b_n$ を求めればよい．漸化式より，

$$a_{n+1} = b_n, \ b_{n+1} = \frac{1}{4}a_n \ \therefore a_{n+2} = \frac{1}{4}a_n \tag{1.15}$$

$a_0 = P_0(1) - P_0(3) = 0, a_1 = P_1(1) - P_1(3) = 1$ であるから $a_n = A(1/2)^n + B(-1/2)^n$ とおくと，$A + B = 0, (A - B)/2 = 1 \ \therefore A = 1, B = -1$ となる．したがって，

$$P_n(1) - P_n(3) = a_n = \frac{1-(-1)^n}{2^n} \tag{1.16}$$

$$P_n(0) - P_n(4) = b_n = a_{n+1} = \frac{1+(-1)^n}{2^{n+1}} \tag{1.17}$$

となり，次の結果を得る．

$$P_n(0) = \frac{1+(-1)^n}{2}\left(\frac{1}{8} + \frac{1}{2^{n+1}}\right), \ P_n(4) = \frac{1+(-1)^n}{2}\left(\frac{1}{8} - \frac{1}{2^{n+1}}\right) \ (n \geqq 1)$$
(1.18)

$$P_n(1) = \frac{1-(-1)^n}{2}\left(\frac{1}{2} + \frac{1}{2^n}\right), \ P_n(3) = \frac{1-(-1)^n}{2}\left(\frac{1}{2} - \frac{1}{2^n}\right) \tag{1.19}$$

まとめると，

$$P_n(0) = \frac{1+(-1)^n}{2}\left(\frac{1}{8}+\frac{1}{2^{n+1}}\right)(n \geqq 1)$$

$$P_n(1) = \frac{1-(-1)^n}{2}\left(\frac{1}{2}+\frac{1}{2^n}\right)$$

$$P_n(2) = \frac{1+(-1)^n}{2}\frac{3}{4}\,(n \geqq 1) \quad (1.20)$$

$$P_n(3) = \frac{1-(-1)^n}{2}\left(\frac{1}{2}-\frac{1}{2^n}\right)$$

$$P_n(4) = \frac{1+(-1)^n}{2}\left(\frac{1}{8}-\frac{1}{2^{n+1}}\right)(n \geqq 1)$$

※原題は操作回数を 2～4 程度とした初等的な確率の問題であった．操作回数を一般化するといわゆる確率と漸化式の問題として高度な話題になる．すなわち，マルコフ連鎖である．なお，求めた表式は $n \geqq 1$ のときの漸化式は満たすが，$n = 0$ のときの偶数個状態確率は再現されない．

以下からは大学入試問題から採り上げる．

---

n を自然数とする．n 個の実数 $a_1, a_2, \cdots, a_n$ が

$$a_1 \geqq a_2 \geqq \cdots \geqq a_n \geqq 0,\ \sum_{k=1}^{n} a_k = 1$$

を満たすとき，$1 \leqq l \leqq n$ であるすべての自然数 l に対して

$$\frac{1}{l}\sum_{k=1}^{l} a_k \geqq \frac{1}{n}$$

が成り立つことを示せ．

（山形大 2006 から）

（証）関数 $\varphi(x)\,(0 \leqq x < n)$ を

$$\varphi(x) = a_k\ (k-1 \leqq x < k; k = 1, 2, \cdots, n) \quad (1.21)$$

で定義すると，これは有限な単調関数である．一般に，区間 $[a,b]$ で $f(x)$

は積分可能，$\varphi(x)$ は有限で単調のとき，

$$\int_a^b f(x)\varphi(x)\,dx = \varphi(a)\int_a^\xi f(x)\,dx + \varphi(b)\int_\xi^b f(x)\,dx,\ a \leqq \xi \leqq b \tag{1.22}$$

を満たす ξ が存在する．これを積分の第二平均値の定理という．この定理で $f(x) = 1, a = 0, b = l$ とし φ として先に定義した単調関数を用いると，

$$\int_0^l \varphi(x)\,dx = \varphi(+0)\xi + \varphi(l-0)(l-\xi),\ 0 \leqq \xi \leqq l \tag{1.23}$$

$\xi/l = \lambda$ とおくと

$$\frac{1}{l}\int_0^l \varphi(x)\,dx = \varphi(+0)\lambda + \varphi(l-0)(1-\lambda),\ 0 \leqq \lambda \leqq 1 \tag{1.24}$$

すなわち

$$\frac{1}{l}\sum_{k=1}^l a_k = a_1\lambda + a_l(1-\lambda) = (a_1 - a_l)\lambda + a_l \tag{1.25}$$

となる．

今ある l に対して

$$\frac{1}{l}\sum_{k=1}^l a_k = (a_1 - a_l)\lambda + a_l < \frac{1}{n} \tag{1.26}$$

と仮定する．ここで $a_1 \geqq a_l, \lambda \geqq 0$ より $a_l \leqq (a_1 - a_l)\lambda + a_l < 1/n$ であるから，

$$\frac{1}{n} > a_{l+1} \geqq a_{l+2} \geqq \cdots \geqq a_n \therefore \sum_{k=l+1}^n a_k < (n-l)\frac{1}{n} = 1 - \frac{l}{n} \tag{1.27}$$

が成り立つ．一方，

$$\sum_{k=l+1}^n a_k = \sum_{k=1}^n a_k - \sum_{k=1}^l a_k = 1 - \sum_{k=1}^l a_k \tag{1.28}$$

であるから，

$$1 - \sum_{k=1}^l a_k < 1 - \frac{l}{n},\ \frac{1}{l}\sum_{k=1}^l a_k > \frac{1}{n} \tag{1.29}$$

となる．これは矛盾である．

よって，すべての $l = 1, \cdots, n$ に対して

$$\frac{1}{l}\sum_{k=1}^l a_k \geqq \frac{1}{n} \tag{1.30}$$

となる．（終）

※積分の第二平均値定理の適用例として紹介した．不等式そのものは平均の意味を考えるとすぐわかる．つまり，降順に並べられた実数の数列 $a_1, a_2, \cdots, a_m, \cdots, a_n, \cdots$ において，不等式 $(a_1+\cdots+a_m)/m \geqq (a_1+\cdots+a_n)/n$ が成り立つ．この不等式は $n = m+1$ のときを示せば十分である．

$$\frac{a_1 + \cdots + a_m}{m} - \frac{a_1 + \cdots + a_m + a_{m+1}}{m+1}$$
$$= \frac{(m+1)(a_1 + \cdots + a_m) - m(a_1 + \cdots + a_m + a_{m+1})}{m(m+1)}$$
$$= \frac{(a_1 + \cdots + a_m) - m a_{m+1}}{m(m+1)}$$
$$= \frac{(a_1 - a_{m+1}) + (a_2 - a_{m+1}) + \cdots + (a_m - a_{m+1})}{m(m+1)} \geqq 0$$

実数 x の関数 $g(x)$ がある区間 I 上で定義されていて，$g''(x) < 0$ であるとする．n を自然数とし，n 個の実数変数 $x_1, x_2, \cdots, x_n$ について $x_i \in I$ $(i = 1, 2, \cdots, n)$ であるとき，n 変数関数

$$f(x_1, x_2, \cdots, x_n) = g\left(\sum_{i=1}^{n} p_i x_i\right) - \sum_{i=1}^{n} p_i g(x_i)$$

を考える．ただし，$p_1, p_2, \cdots, p_n$ は

$$p_1 > 0, p_2 > 0, \cdots, p_n > 0, \sum_{i=1}^{n} p_i = 1$$

を満たす定数である．

不等式 $f(x_1, x_2, \cdots, x_n) \geqq 0$ を示せ．また等号が成立するのはどんなときか．

（滋賀医大 2006 から）

$p_1, p_2, \cdots, p_n$ をある離散的確率分布の確率と解釈すると，不等式は

$$(\text{平均の } g) \geqq (g \text{ の平均})$$

を意味する．

（証）導関数 $\partial f/\partial x_i$ を計算する．

$$\begin{aligned}\frac{\partial f}{\partial x_k} &= g'\left(\sum_{i=1}^{n} p_i x_i\right)\sum_{i=1}^{n} p_i \frac{\partial x_i}{\partial x_k} - \sum_{i=1}^{n} p_i g'(x_i)\frac{\partial x_i}{\partial x_k} \\ &= g'\left(\sum_{i=1}^{n} p_i x_i\right)\sum_{i=1}^{n} p_i \delta_{ik} - \sum_{i=1}^{n} p_i g'(x_i)\delta_{ik} \\ &= p_k\left\{g'\left(\sum_{i=1}^{n} p_i x_i\right) - g'(x_k)\right\}\end{aligned} \tag{1.31}$$

$g'(x)$ は単調減少関数なので，$\partial f/\partial x_i = 0\ (i = 1, 2, \cdots, n)$ を満たす点 $(x_1, x_2, \cdots, x_n)$ は領域 $x_1 = x_2 = \cdots = x_n \in I$ 上のすべての点である．この領域上の任意の 1 点を $\boldsymbol{a} = (a, a, \cdots, a)\ (a \in I)$ とすると，

$$f(\boldsymbol{a}) = g\left(\left(\sum_{i=1}^{n} p_i\right)a\right) - \left(\sum_{i=1}^{n} p_i\right)g(a) = g(a) - g(a) = 0 \tag{1.32}$$

次に，第 2 次導関数を表す n 次対称行列を $F(x_1, x_2, \cdots, x_n) \equiv \left(\frac{\partial^2 f}{\partial x_i \partial x_j}\right)$ とし，この (i, j) 成分を計算すると，

$$\begin{aligned}\frac{\partial^2 f}{\partial x_i \partial x_j} &= p_j \frac{\partial}{\partial x_i}\left(g'\left(\sum_{k=1}^{n} p_k x_k\right) - g'(x_j)\right) \\ &= p_j\left(g''\left(\sum_{k=1}^{n} p_k x_k\right)\sum_{k=1}^{n} p_k \delta_{ki} - g''(x_j)\delta_{ji}\right) \\ &= g''\left(\sum_{k=1}^{n} p_k x_k\right)p_i p_j - g''(x_i)p_i \delta_{ij}\end{aligned} \tag{1.33}$$

となる．

領域 $x_1 = \cdots = x_n \in I$ 上の点 $\boldsymbol{a}$ から $\boldsymbol{h} = (h_1, \cdots, h_n)$ だけずらす．$f(\boldsymbol{a}+\boldsymbol{h})$ の $\boldsymbol{h}$ の 2 次の項までとると，$f(\boldsymbol{a}) = 0, \nabla f(\boldsymbol{a}) = \boldsymbol{0}$ に注意して

$$f(\boldsymbol{a}+\boldsymbol{h}) = f(\boldsymbol{a}) + \boldsymbol{h}\cdot\nabla f(\boldsymbol{a}) + \frac{1}{2}\boldsymbol{h}^T F(\boldsymbol{a})\boldsymbol{h} = \frac{1}{2}\boldsymbol{h}^T F(\boldsymbol{a})\boldsymbol{h} \tag{1.34}$$

となる．2次形式 $\boldsymbol{h}^T F(\boldsymbol{a})\boldsymbol{h}$ を計算しよう．

$$\begin{aligned}
\boldsymbol{h}^T F(\boldsymbol{a})\boldsymbol{h} &= \sum_{i=1}^n \sum_{j=1}^n \frac{\partial^2 f(\boldsymbol{a})}{\partial x_i \partial x_j} h_i h_j = \sum_{i=1}^n \sum_{j=1}^n g''(a)(p_i p_j - p_i \delta_{ij}) h_i h_j \\
&= g''(a)\left(\sum_{i=1}^n p_i h_i \sum_{j=1}^n p_j h_j - \sum_{i=1}^n \sum_{j=1}^n p_i h_i h_j \delta_{ij}\right) \\
&= g''(a)\left\{\left(\sum_{i=1}^n p_i h_i\right)^2 - \sum_{i=1}^n p_i h_i^2\right\} = -g''(a)(\overline{h^2} - \bar{h}^2)
\end{aligned} \qquad (1.35)$$

ここで

$$\bar{h} = \sum_{i=1}^n p_i h_i, \quad \overline{h^2} = \sum_{i=1}^n p_i h_i^2 \qquad (1.36)$$

であり，それぞれ $h_1, \cdots, h_n$ の平均と二乗平均である．分散 σ^2 を計算すると，

$$\begin{aligned}
\sigma^2 &= \sum_{i=1}^n p_i (h_i - \bar{h})^2 = \sum_{i=1}^n p_i (h_i^2 - 2\bar{h} h_i + \bar{h}^2) \\
&= \sum_{i=1}^n p_i h_i^2 - 2\bar{h} \sum_{i=1}^n p_i h_i + \bar{h}^2 \sum_{i=1}^n p_i \\
&= \sum_{i=1}^n p_i h_i^2 - 2\bar{h}^2 + \bar{h}^2 = \overline{h^2} - \bar{h}^2
\end{aligned} \qquad (1.37)$$

となるから，$g''(a) < 0$ に注意して，$|\boldsymbol{h}|$ が小さいとき，

$$f(\boldsymbol{a} + \boldsymbol{h}) = -\frac{g''(a)\sigma^2}{2} \geqq 0 \qquad (1.38)$$

したがって，不等式 $f(\boldsymbol{a} + \boldsymbol{h}) \geqq 0$ において等号が成立するのは $h_1 = h_2 = \cdots = h_n$ のときに限る．すなわち，直線 $x_1 = \cdots = x_n$ 上の点 $\boldsymbol{a}$ から領域上の方向にずれたときは $f = 0$ のままで，領域外にずれたら $f > 0$ となる．

領域 $x_1 = \cdots = x_n \in I$ 上は $\nabla f = \boldsymbol{0}$ となる点のすべてであるから，もし f に極値が存在するならこの領域に存在しなくてはならない．この領域上では常に $f = 0$ で，それからわずかに離れると必ず $f > 0$ となる．もし，領域から少し離れた点で $f \leqq 0$ となる点が存在すると仮定すると，領域とその点の間に極大となる点が存在しなければならない．しかしそれは不可能である．よって領域から離れた点で常に $f > 0$ である．

こうして $f(x_1, x_2, \cdots, x_n) \geqq 0$, 等号は $x_1 = x_2 = \cdots = x_n$ のときに限る.

※ 2 次形式の理論では不等式 $\boldsymbol{h}^T F(\boldsymbol{a}) \boldsymbol{h} \geqq 0$ は $F(\boldsymbol{a})$ が半正定値行列であることを示している. このことを確かめてみよう.

$$F(\boldsymbol{a}) = -g''(a) \begin{pmatrix} p_1(1-p_1) & -p_1 p_2 & \cdots & -p_1 p_n \\ -p_1 p_2 & p_2(1-p_2) & \cdots & -p_2 p_n \\ \vdots & \vdots & \ddots & \vdots \\ -p_1 p_n & -p_2 p_n & \cdots & p_n(1-p_n) \end{pmatrix} \quad (1.39)$$

これの $-g''(a)$ をのぞいた行列の r 次首座行列式 Δ_r は

$$\begin{aligned}
\Delta_r &= \begin{vmatrix} p_1(1-p_1) & -p_1 p_2 & \cdots & -p_1 p_r \\ -p_1 p_2 & p_2(1-p_2) & \cdots & -p_2 p_r \\ \vdots & \vdots & \ddots & \vdots \\ -p_1 p_r & -p_2 p_r & \cdots & p_r(1-p_r) \end{vmatrix} \\
&= p_1 p_2 \cdots p_r \begin{vmatrix} 1-p_1 & -p_1 & \cdots & -p_1 \\ -p_2 & 1-p_2 & \cdots & -p_2 \\ \vdots & \vdots & \ddots & \vdots \\ -p_r & -p_r & \cdots & 1-p_r \end{vmatrix} \\
&= p_1 p_2 \cdots p_r (1 - p_1 - p_2 - \cdots - p_r)
\end{aligned} \quad (1.40)$$

1 行目から 2 行目では k 列から p_k をとりだし ($k = 1, \cdots, r$), 2 行目から 3 行目では, 1 列目に 2〜r 列目をすべて一度ずつ加えた. 最後の表式において, $p_1 > 0, p_2 > 0, \cdots, p_n > 0, \sum_{i=1}^n p_i = 1$ であることから, $\Delta_i > 0$ ($i = 1, 2, \cdots, n-1$), $\Delta_n = 0$ になり, $F(\boldsymbol{a})$ は半正定値行列であることが分かる.

※ g の具体例として log をとると, $I = (0, \infty)$ であり, さらに $p_1 = \cdots = p_n$ とすれば, 不等式 $f \geqq 0$ は相加平均と相乗平均の大小関係

$$\frac{x_1 + x_2 + \cdots + x_n}{n} \geqq \sqrt[n]{x_1 x_2 \cdots x_n} \quad (1.41)$$

になる.

※一般に凹関数 $g(x)$ は，定義域区間の任意の 2 点 x, y と $p + q = 1$ を満たす任意の 2 つの正数 p, q に対して $g(px + qy) \geqq pg(x) + qg(y)$ が成り立つものとして定義される．ただし等号は $x = y$ のときに限り成立する．このとき，n を 2 以上の自然数として，定義域区間の任意の n 点 $x_1, \cdots, x_n$ と $\sum_{i=1}^{n} p_i = 1$ を満たす任意の n 個の正数 $p_1, \cdots, p_n$ に対して，

$$g\left(\sum_{i=1}^{n} p_i x_i\right) \geqq \sum_{i=1}^{n} p_i g(x_i) \tag{1.42}$$

が成立する．等号成立は $x_1 = \cdots = x_n$ のときに限る．これを数学的帰納法で証明しよう．

$n = 2$ のときは $g(x)$ が凹関数であることの定義そのものであるから成り立つ．$n \geqq 2$ として，n のとき不等式が成立すると仮定する．定義域区間の任意の $n+1$ 点 $x_1, \cdots, x_n, x_{n+1}$ と $\sum_{i=1}^{n} p_i + p_{n+1} = 1$ を満たす任意の $n+1$ 個の正数 $p_1, \cdots, p_n, p_{n+1}$ を考える．$\frac{\sum_{i=1}^{n} p_i x_i}{\sum_{k=1}^{n} p_k}$ は定義域区間内にある（$x_1, \cdots, x_n$ の最小値以上最大値以下）ので，2 点 $\frac{\sum_{i=1}^{n} p_i x_i}{\sum_{k=1}^{n} p_k}, x_{n+1}$ と $\sum_{k=1}^{n} p_k + p_{n+1} = 1$ を満たす正の数 $\sum_{k=1}^{n} p_k, p_{n+1}$ に対して $n = 2$ の場合の不等式を使うと，

$$g\left\{\left(\sum_{k=1}^{n} p_k\right)\frac{\sum_{i=1}^{n} p_i x_i}{\sum_{k=1}^{n} p_k} + p_{n+1} x_{n+1}\right\} \geqq \left(\sum_{k=1}^{n} p_k\right) g\left(\frac{\sum_{i=1}^{n} p_i x_i}{\sum_{k=1}^{n} p_k}\right) + p_{n+1} g(x_{n+1})$$

$$g\left(\sum_{i=1}^{n+1} p_i x_i\right) \geqq \left(\sum_{k=1}^{n} p_k\right) g\left(\frac{\sum_{i=1}^{n} p_i x_i}{\sum_{k=1}^{n} p_k}\right) + p_{n+1} g(x_{n+1})$$

$$\tag{1.43}$$

等号は $\frac{\sum_{i=1}^{n} p_i x_i}{\sum_{k=1}^{n} p_k} = x_{n+1}$ のときに限る．ここで $g\left(\frac{\sum_{i=1}^{n} p_i x_i}{\sum_{k=1}^{n} p_k}\right)$ について，$q_i = p_i / \sum_{k=1}^{n} p_k > 0$ とおくと，$\sum_{i=1}^{n} q_i = 1$ であるから，帰納法の仮定により，

$$g\left(\frac{\sum_{i=1}^{n} p_i x_i}{\sum_{k=1}^{n} p_k}\right) = g\left(\sum_{i=1}^{n} q_i x_i\right) \geqq \sum_{i=1}^{n} q_i g(x_i) = \frac{\sum_{i=1}^{n} p_i g(x_i)}{\sum_{k=1}^{n} p_k} \tag{1.44}$$

が成り立ち，等号は $x_1 = \cdots = x_n$ のときに限る．こうして不等式

$$g\left(\sum_{i=1}^{n+1} p_i x_i\right) \geqq \left(\sum_{k=1}^{n} p_k\right) \frac{\sum_{i=1}^{n} p_i g(x_i)}{\sum_{k=1}^{n} p_k} + p_{n+1} g(x_{n+1})$$
$$= \sum_{i=1}^{n} p_i g(x_i) + p_{n+1} g(x_{n+1}) = \sum_{i=1}^{n+1} p_i g(x_i) \tag{1.45}$$

が成り立ち，等号は $x_1 = \cdots = x_n = x_{n+1}$ のときに限る．

---

a_1, b_1, c_1 は相異なる数である．また，a_2, b_2, c_2 を次式で定義する．

$$a_2 = a_1 - c_1,\ b_2 = a_1 - b_1,\ c_2 = b_1 - c_1 \tag{1.46}$$

$\dfrac{a_1}{a_2} = \dfrac{b_1}{b_2} = \dfrac{c_1}{c_2}$ が満たされているとき，この比例式の比の値を求めよ．

（慶大理工 2011 から）

比の値を k とすると，次の等式が成り立つ．

$$\begin{aligned} a_2 &= a_1 - c_1 = k(a_2 - c_2) \\ b_2 &= a_1 - b_1 = k(a_2 - b_2) \\ c_2 &= b_1 - c_1 = k(b_2 - c_2) \end{aligned} \tag{1.47}$$

これを行列でかくと

$$\begin{pmatrix} k-1 & 0 & -k \\ k & -k-1 & 0 \\ 0 & k & -k-1 \end{pmatrix} \begin{pmatrix} a_2 \\ b_2 \\ c_2 \end{pmatrix} = \begin{pmatrix} 0 \\ 0 \\ 0 \end{pmatrix} \tag{1.48}$$

となる．$(a_2, b_2, c_2) \neq (0, 0, 0)$ であるから，左辺の係数行列式は 0 でなければならない．

$$k^2 - k - 1 = 0 \quad \therefore k = \frac{1 \pm \sqrt{5}}{2}$$

※ 3 次の行列形式を用いるだけで，k の値がすっきり求まる．

> xyz 座標空間に次の 4 つ領域 V_1, V_2, V_3, V_4 を考える．
>
> $$V_1 = \{(x,y,z)| 0 \leqq x \leqq 1, 0 \leqq y \leqq -x+1, 0 \leqq z \leqq -x-y+1\}$$
> $$V_2 = \{(x,y,z)| 0 \leqq x \leqq 1, -x \leqq y \leqq 0, \frac{y^2}{4x} \leqq z \leqq -x-y+1\}$$
> $$V_3 = \{(x,y,z)| 0 \leqq x \leqq 1, -2x \leqq y \leqq -x, \frac{y^2}{4x} \leqq z \leqq 1\}$$
> $$V_4 = \{(x,y,z)| 0 \leqq x \leqq 1, -x-1 \leqq y \leqq -2x, -x-y \leqq z \leqq 1\}$$
>
> とする．領域 $V = V_1 \cup V_2 \cup V_3 \cup V_4$ の体積を求めよ．
>
> （東大理科 2011 から）

各領域は次のような形式で表せる．

$$V_i = \{(x,y,z)| 0 \leqq x \leqq 1, f_i(x) \leqq y \leqq g_i(x), f_i(x,y) \leqq z \leqq g_i(x,y)\} \ (i=1,2,3,4) \tag{1.49}$$

したがって，重積分によって各領域の体積は次の式で求められる．

$$\begin{aligned}
\iiint_{V_i} dxdydz &= \int_0^1 dx \int_{f_i(x)}^{g_i(x)} dy \int_{f_i(x,y)}^{g_i(x,y)} dz \\
&= \int_0^1 dx \int_{f_i(x)}^{g_i(x)} \{g_i(x,y) - f_i(x,y)\} dy \ (i=1,2,3,4)
\end{aligned} \tag{1.50}$$

各領域の具体的な積分は次のようになる．

$$\begin{aligned}
V_1 &: \int_0^1 dx \int_0^{1-x} (1-x-y)\, dy \\
V_2 &: \int_0^1 dx \int_{-x}^0 \left(1-x-y-\frac{y^2}{4x}\right) dy \\
V_3 &: \int_0^1 dx \int_{-2x}^{-x} \left(1-\frac{y^2}{4x}\right) dy \\
V_4 &: \int_0^1 dx \int_{-x-1}^{-2x} (1+x+y)\, dy
\end{aligned} \tag{1.51}$$

累次積分して加えると次を得る．

$$\int_0^1 dx \left(1 - \frac{x^2}{6}\right) = \frac{17}{18} \tag{1.52}$$

※累次積分を機械的に使うだけで答が得られるが，図形的な解釈をしっかりしておきたい．

> 1から4までの数字が1つずつ書かれた4枚のカードを横一列に1,2,3,4と並べてある．2枚のカードを無作為に選んで入れかえるという操作を n 回繰り返したとき，左端のカードの数字の期待値を求めよ．
>
> （九大理系2011から）

マルコフ連鎖としてとらえる．n 回後左端のカードの数字が i である確率を $p_i(n)$ とすると，1回の操作で状態 i から状態 j へ推移する確率は，$i = j$ のとき i 以外の2枚のカードを入れかえる確率 $\binom{3}{2}/\binom{4}{2} = 1/2$，$i \neq j$ のとき i と j のカードを入れかえる確率 $1/\binom{4}{2} = 1/6$ である．よって次の漸化式が成り立つ．

$$p_i(n+1) = \frac{1}{2}p_i(n) + \frac{1}{6}\sum_{j\neq i} p_j(n) = \frac{1}{2}p_i(n) + \frac{1}{6}\{1 - p_i(n)\} = \frac{1}{3}p_i(n) + \frac{1}{6} \tag{1.53}$$

ここで $\sum_{j=1}^4 p_j(n) = 1$ を使った．$p_i(n+1) - 1/4 = \frac{1}{3}\{p_i(n) - 1/4\}$ と書き直し，両辺に i をかけて和をとると，期待値 $E(n) = \sum_{i=1}^4 ip_i(n)$ の漸化式が得られる．

$$E(n+1) - \frac{5}{2} = \frac{1}{3}\left\{E(n) - \frac{5}{2}\right\}, \quad E(n) - \frac{5}{2} = \frac{1}{3^n}\left\{E(0) - \frac{5}{2}\right\} \tag{1.54}$$

$E(0) = 1$ であるから，

$$E(n) = \frac{5}{2} - \frac{1}{2 \cdot 3^{n-1}} \tag{1.55}$$

※原題は $n = 3$ のときを聞いているのみである．マルコフ連鎖とみて漸化式を立てると一般の n について問題が解ける．

> n を自然数，r を 1 以上 9 以下の自然数とする．n 桁の自然数の各位の数の和が r 以下であるようなものの個数を n, r の簡単な数式で表わせ．
>
> （東京医科歯科大 2006 から）

各位の数を桁数の高い方から順に $a_1, a_2, \cdots, a_n$ とする．これらは 0 以上 9 以下の整数であり，次の条件を満たす：$a_1 \geq 1, a_1 + a_2 + \cdots + a_n \leq r$．

$n = 1$ のときこの条件は $1 \leq a_1 \leq r$ となり答は r である．

以下 $n \geq 2$ のときを考える．条件式を $a_2, \cdots, a_n$ についての方程式

$$a_2 + \cdots + a_n = s \tag{1.56}$$

とみなす．ここに s は $0 \leq s \leq r - a_1 (< r)$ を満たす整数である．$a_2, \cdots, a_n$ は 0 以上の整数と考えてよい．すると方程式の解の個数は ${}_{n-1}H_s = \binom{n-2+s}{s} = \binom{n-2+s}{n-2}$ である．したがって求める個数 N は

$$N = \sum_{a_1=1}^{r} \sum_{s=0}^{r-a_1} \binom{n-2+s}{n-2} = \sum_{a_1=1}^{r} \sum_{m=n-2}^{n-2+r-a_1} \binom{m}{n-2} \tag{1.57}$$

この級数を計算するのに公式

$$\sum_{k=m}^{n} \binom{k}{m} = \binom{n+1}{m+1} \quad (m \leq n) \tag{1.58}$$

を用いると，まず，

$$\sum_{m=n-2}^{n-2+r-a_1} \binom{m}{n-2} = \binom{n-1+r-a_1}{n-1} \tag{1.59}$$

となり，同様にして，

$$N = \sum_{a_1=1}^{r} \binom{n-1+r-a_1}{n-1} = \sum_{m=n-1}^{n+r-2} \binom{m}{n-1} = \binom{n+r-1}{n} \tag{1.60}$$

となる．この結果は $n = 1$ のときも成り立つ．

答は $\binom{n+r-1}{n} = \dfrac{(n+r-1)!}{n!(r-1)!}$ となる.

※公式 (1.58) は高校でも学ぶ公式 $\binom{n+1}{m+1} + \binom{n+1}{m} = \binom{n+2}{m+1}$ $(0 \leqq m \leqq n)$ を用いれば次のようにして導ける.数学的帰納法による.まず $n = m$ のとき成り立つ.$n(\geqq m)$ まで正しいとき,

$$\sum_{k=m}^{n+1} \binom{k}{m} = \sum_{k=m}^{n} \binom{k}{m} + \binom{n+1}{m} \tag{1.61}$$

において右辺第 1 項に (1.58) を代入すると,

$$\sum_{k=m}^{n+1} \binom{k}{m} = \binom{n+1}{m+1} + \binom{n+1}{m} = \binom{n+2}{m+1} \tag{1.62}$$

となり,$n+1$ のときも正しい.

第2章
偶然の数理

　天変地異，交通事故，株価の変動，…，現実の世界で起こる様々な出来事は，それらを引き起こす原因に関する情報がいくらかでも分かればその結果を予測することが可能かもしれない．もちろん，人間は神ではないから完全な予想はできない．自然法則がいかに完全であろうとも理論的にも完全な予測は不可能であるらしいこともわかってきた．それでも人間は出来事が起こる前に，予測をたてて混乱などが生じないように手を打とうとする．そのような偶然に支配される出来事を数理的に扱うには，確率に関する数学が必要である．

Section 2.1
確率

　n を自然数とし，n 個の数字 $1, 2, \cdots, n$ を無作為に一列に並べる．このとき，すべての数字について，各数字の置かれた場所の番号がその数字と異なる確率を a_n とかく．a_n は n の式でどのように表され，また n が大きくなるとどのようにふるまうだろうか．

　ここで，$a_n = N_n/n!$ で定義される数列 N_n を導入すると，これはいわゆる完全順列の総数である．$n \geqq 3$ とし，N_n を場所 2 に置かれる数字 (1, 3〜n) によって場合分けする．数字 1 が場所 2 に置かれる場合の完全順列が N 通りあるとすると，数字 3〜n の各々が場所 2 に置かれる場合の完全順列も

同様に N 通りずつある．したがって $N_n = (n-1)N$ である．

場所 2 に数字 1 が置かれる場合の完全順列の数 N を考える．この場合，数字 $2 \sim n$ を場所 $1, 3 \sim n$ に完全順列として置くことになる．

数字 2 が場所 1 にあるとき 数字 $3 \sim n$ を場所 $3 \sim n$ に完全順列として置けばよいので N_{n-2} 通り．

数字 2 が場所 1 にないとき 数字 $2 \sim n$ を場所 $1, 3 \sim n$ に数字 2 が場所 $3 \sim n$ に置かれるように置けばよい．そのためには，数字 2 を数字 1 に置き換え，数字 $1, 3 \sim n$ を場所 $1, 3 \sim n$ に完全順列として置いた後，数字 1 を数字 2 へ戻せばよい．よって N_{n-1} 通り．

このことから，$N = N_{n-2} + N_{n-1}$ となる．よって，次の漸化式が成り立つ．

$$N_n = (n-1)(N_{n-2} + N_{n-1})$$
$$\frac{N_n}{n!} = \frac{N_{n-2}}{n(n-2)!} + \frac{N_{n-1}}{n(n-2)!} = \frac{1}{n}\frac{N_{n-2}}{(n-2)!} + \frac{n-1}{n}\frac{N_{n-1}}{(n-1)!} \tag{2.1}$$

すなわち，$n \geqq 3$ のとき，

$$a_n = \frac{1}{n}a_{n-2} + \left(1 - \frac{1}{n}\right)a_{n-1}, \ a_n - a_{n-1} = -\frac{1}{n}(a_{n-1} - a_{n-2}) \tag{2.2}$$

$b_n = a_{n+1} - a_n \ (n = 1, 2, \cdots)$ とおくと，

$$b_{n+1} = -\frac{1}{n+2}b_n, \ b_1 = a_2 - a_1 = \frac{1}{2} \ (n = 1, 2, \cdots) \tag{2.3}$$

となり，これを解くと，

$$b_n = \frac{b_n}{b_{n-1}}\frac{b_{n-1}}{b_{n-2}}\cdots\frac{b_3}{b_2}\frac{b_2}{b_1}b_1 = \left(-\frac{1}{n+1}\right)\left(-\frac{1}{n}\right)\cdots\left(-\frac{1}{4}\right)\left(-\frac{1}{3}\right)\frac{1}{2} = \frac{(-1)^{n-1}}{(n+1)!} \tag{2.4}$$

となる．よって $n \geqq 2$ のとき，

$$a_n = a_1 + \sum_{k=1}^{n-1} b_k = 0 + \sum_{k=1}^{n-1}\frac{(-1)^{k-1}}{(k+1)!} = \sum_{k=2}^{n}\frac{(-1)^k}{k!} = \sum_{k=0}^{n}\frac{(-1)^k}{k!} \tag{2.5}$$

これは $n = 1$ のときも正しい．

さて，指数関数 e^x の Taylor 展開

$$e^x = \sum_{k=0}^{\infty} \frac{x^k}{k!} = 1 + x + \frac{x^2}{2!} + \cdots + \frac{x^k}{k!} + \cdots \tag{2.6}$$

において，$x = -1$ とすると，

$$e^{-1} = \sum_{k=0}^{\infty} \frac{(-1)^k}{k!} \tag{2.7}$$

であるから，

$$\lim_{n \to \infty} a_n = \sum_{k=0}^{\infty} \frac{(-1)^k}{k!} = e^{-1} = \frac{1}{e} \simeq 0.3678794412 \tag{2.8}$$

Section 2.2
期待値

事象の確率が分かれば，事象に付随してその値が決まる変数 X がどのような値をとるかを予測したくなる．例えば，n 回サイコロをふったとき，6 の目が出る回数の割合 X は直観通り 1/6 であろうか．一般に，ある試行を行ったとき，変数 X の取りうる値が n 個 $x_1, x_2, \cdots, x_n$ であり，$X = x_k$ となる確率が p_k であるとき，X の期待値 $E(X)$ を値×確率の和

$$E(X) = \sum_{k=1}^{n} x_k p_k \tag{2.9}$$

で定義する．これは X の確率分布（$P(X = x_k) = p_k$ の表）が決まれば機械的に計算できる．

n を 2 以上の自然数とする．n 個の変数 $x_1, x_2, \cdots, x_n$ に関する次の方程式を考える．

$$x_1 + x_2 + \cdots + x_n = n \tag{2.10}$$

これの非負整数解 $(x_1, x_2, \cdots, x_n)$ の個数は次のようになる．

$$_n\mathrm{H}_n = \binom{2n-1}{n} \tag{2.11}$$

今，これら $_n\mathrm{H}_n$ 個の解から一つの解を無作為に選び出すとき，$x_1, x_2, \cdots, x_n$ のうち 0 であるものの占める割合の期待値を r_n とする．r_n の表式と，n が十分大きいとき r_n の値がどのようになるかを考えてみよう．

解をいくつか勝手に作ってみると，半分くらいは 0 になるようだ．だから $\lim_{n\to\infty} r_n = 1/2$ だろう．しかし，解の生成法によってはこうならない場合もある．

n 個の箱を準備し，これらの箱に n 個の粒子を投げ入れる．各粒子は独立に必ずどれかの箱にランダムに入るようにしておく．x_i は番号 i の箱に捕えられた粒子の個数である．しかし，このモデルを理想に近い形で実現して実験しても，与えられた試行の結果とは事情が異なることが次のようにしてわかる．例えば $x_1 + x_2 + x_3 = 3$ の 2 つの解 $(3,0,0), (1,2,0)$ を考えるとき，この試行ではこれらの解が選ばれる確率は同じである．ところが，3 つの粒子 a, b, c を 3 つの箱 A, B, C に投げ入れるとき，解 $(3,0,0)$ には $A = \{a,b,c\}, B = C = \emptyset$ が対応するが，解 $(1,2,0)$ には $A = \{a\}, B = \{b,c\}, C = \emptyset$ または $A = \{b\}, B = \{a,c\}, C = \emptyset$ または $A = \{c\}, B = \{a,b\}, C = \emptyset$ の 3 つの場合が対応する．つまり，粒子を通常に考えると，解 $(3,0,0), (1,2,0)$ はその起こり方が同様に確からしくないのである．したがって期待値は異なった値を予測するだろう．

このように確率に関する問題は，問題の設定をきちんとしておかないと答が一つに定まらないことがある．

r_n の計算に移ろう．

ある解が選び出されたとき，変数の値が 0 であるものの個数を k とすると，$0 \leq k \leq n-1$．$x_1, \cdots, x_n$ のうち 0 でないもの $x_{i_1}, \cdots, x_{i_{n-k}}$ の選び方は $\binom{n}{n-k} = \binom{n}{k}$ 通りで，次の方程式が成り立つ．

$$x_{i_1} + \cdots + x_{i_{n-k}} = n, \quad (x_{i_1} - 1) + \cdots + (x_{i_{n-k}} - 1) = k \tag{2.12}$$

ここで，$y_1 = x_{i_1} - 1, \cdots, y_{n-k} = x_{i_{n-k}} - 1$ とおくと，これらは非負整数で，$y_1 + \cdots + y_{n-k} = k$ であるから，これの解 $(y_1, \cdots, y_{n-k})$ の個数は $_{n-k}\mathrm{H}_k = \binom{(n-k)+k-1}{k} = \binom{n-1}{k}$ である．よって，0 値をとる変数が k 個あるような $(x_1, x_2, \cdots, x_n)$

の個数は $\binom{n}{k}\binom{n-1}{k}$ である．よって，0 の個数の割合の期待値 r_n は次のように表せる．

$$r_n = \sum_{k=0}^{n-1} \frac{k}{n} \frac{\binom{n}{k}\binom{n-1}{k}}{\binom{2n-1}{n}} = \frac{1}{n\binom{2n-1}{n}} \sum_{k=1}^{n-1} k \binom{n}{k}\binom{n-1}{k} \tag{2.13}$$

ここで，$1 \leqq k \leqq n$ のとき，

$$k\binom{n}{k} = k\frac{n!}{k!(n-k)!} = n\frac{(n-1)!}{(k-1)!\{n-1-(k-1)\}!} = n\binom{n-1}{k-1} = n\binom{n-1}{n-k} \tag{2.14}$$

であるから，$\binom{n-1}{n} = 0$ であることも考えて，

$$r_n = \frac{1}{n\binom{2n-1}{n}} \sum_{k=1}^{n-1} n\binom{n-1}{n-k}\binom{n-1}{k} = \frac{1}{\binom{2n-1}{n}} \sum_{k=0}^{n} \binom{n-1}{k}\binom{n-1}{n-k} \tag{2.15}$$

と書ける．

ここで，m を自然数，$N_1, N_2, \cdots, N_m$ と n を 0 以上の整数とするとき，次の等式が成り立つ．

$$\sum_{i_1+i_2+\cdots+i_m=n} \binom{N_1}{i_1} \times \binom{N_2}{i_2} \times \cdots \times \binom{N_m}{i_m} = \binom{N_1+N_2+\cdots+N_m}{n} \tag{2.16}$$

左辺の意味はこうである．あらかじめ N 個を N_1 個，$\cdots$，N_m 個の m グループに分けておき，それぞれのグループから i_1 個，$\cdots$，i_m 個，計 $i_1+i_2+\cdots+i_m = n$ 個取り出す．そのような取り出し方 $(i_1, i_2, \cdots, i_m)$ のすべてを考えると，N 個から n 個取り出す組合せが得られる．このとき，数式の上では $i_k > N_k$ となる実際にはありえない取り出し方が含まれるが，それは $\binom{N_k}{i_k} = 0$ により自動的に除外され，左辺は右辺と等しくなる．この等式で $m = 2, N_1 = N_2 = n-1$ とすれば，

$$\sum_{i_1+i_2=n} \binom{n-1}{i_1}\binom{n-1}{i_2} = \sum_{k=0}^{n} \binom{n-1}{k}\binom{n-1}{n-k} = \binom{2n-2}{n} \tag{2.17}$$

となる．

こうして，期待値 r_n とその $n \to \infty$ のときの極限は次のようになる．

$$r_n = \frac{\binom{2n-2}{n}}{\binom{2n-1}{n}} = \frac{(2n-2)!}{n!(n-2)!}\frac{n!(n-1)!}{(2n-1)!} = \frac{n-1}{2n-1} \tag{2.18}$$

$$\lim_{n \to \infty} r_n = \frac{1}{2} \tag{2.19}$$

[付記] (2.16) は次のように一般化される. m を自然数, $x_1, x_2, \cdots, x_m$ を任意の数, n を 0 以上の整数とするとき,

$$\binom{x_1 + x_2 + \cdots + x_m}{n} = \sum_{i_1+i_2+\cdots+i_m=n} \binom{x_1}{i_1} \times \binom{x_2}{i_2} \times \cdots \times \binom{x_m}{i_m} \tag{2.20}$$

この場合, 組合せ論的な証明はできない.

(2.20) は $m = 1$ のときは明らかに成り立つ. $m = 2$ のときを証明しよう. すなわち,

$$\binom{x+y}{n} = \sum_{i+k=n} \binom{x}{i}\binom{y}{k} \tag{2.21}$$

を証明する. この等式は Jordan の階乗記号 $(x)_n = x(x-1)\cdots(x-n+1)$ ($n = 1, 2, \cdots$), $(x)_0 = 1$ を使うと, $(x+y)_n = \sum_{i+k=n} \frac{n!}{i!k!}(x)_i(y)_k$ すなわち

$$(x+y)_n = \sum_{k=0}^{n} \binom{n}{k}(x)_{n-k}(y)_k \tag{2.22}$$

と書きかえられる. n に関する帰納法で証明する. $n = 0$ のときは自明なので $n \geqq 1$ とする. $n = 1$ のとき明らかに成り立つ. $n+1$ のときの右辺の和の表式で, 初項と末項を分離し, 残りの和の二項係数に公式 $\binom{n+1}{k} = \binom{n}{k} + \binom{n}{k-1}$ ($k \geqq 1$)

を用いると,

$$(x)_{n+1} + \sum_{k=1}^{n} \left\{ \binom{n}{k} + \binom{n}{k-1} \right\} (x)_{n+1-k}(y)_k + (y)_{n+1}$$

$$= (x)_{n+1} + \sum_{k=1}^{n} \binom{n}{k}(x)_{n+1-k}(y)_k + \sum_{k=1}^{n} \binom{n}{k-1}(x)_{n+1-k}(y)_k + (y)_{n+1}$$

$$= \sum_{k=0}^{n} \binom{n}{k}(x)_{n+1-k}(y)_k + \sum_{k=1}^{n+1} \binom{n}{k-1}(x)_{n-(k-1)}(y)_k$$

$$= \sum_{k=0}^{n} \binom{n}{k}(x)_{n+1-k}(y)_k + \sum_{k=0}^{n} \binom{n}{k}(x)_{n-k}(y)_{k+1} = \sum_{k=0}^{n} \binom{n}{k}\{(x)_{n+1-k}(y)_k + (x)_{n-k}(y)_{k+1}\}$$

$$(2.23)$$

となる. 最後の和の各項において, $(x)_{n+1-k}(y)_k + (x)_{n-k}(y)_{k+1} = (x)_{n-k}(x-n+k)(y)_k + (x)_{n-k}(y)_k(y-k) = (x)_{n-k}(y)_k(x+y-n)$ であるから,

$$\sum_{k=0}^{n+1} \binom{n+1}{k}(x)_{n+1-k}(y)_k = \left\{ \sum_{k=0}^{n} \binom{n}{k}(x)_{n-k}(y)_k \right\}(x+y-n) \quad (2.24)$$

となる. そこで, n のときの仮定 $\sum_{k=0}^{n} \binom{n}{k}(x)_{n-k}(y)_k = (x+y)_n$ を使うと, 右辺は $(x+y)_n(x+y-n) = (x+y)_{n+1}$ となり, $n+1$ のときも成り立つ. よって, (2.21) が成り立つことが証明された.

(2.20) を m に関する帰納法で示そう. $m=1$ のときは自明なので $m \geqq 2$ とする. $m=2$ のとき (2.21) のように成り立つ. m のとき成り立つと仮定すれば, (2.21) も使って,

$$\binom{(x_1 + \cdots + x_m) + x_{m+1}}{n} = \sum_{i+i_{m+1}=n} \binom{x_1 + \cdots + x_m}{i}\binom{x_{m+1}}{i_{m+1}}$$

$$= \sum_{i+i_{m+1}=n} \left\{ \sum_{i_1+\cdots+i_m=i} \binom{x_1}{i_1}\cdots\binom{x_m}{i_m} \right\}\binom{x_{m+1}}{i_{m+1}} = \sum_{i_1+i_2+\cdots+i_m+i_{m+1}=n} \binom{x_1}{i_1}\cdots\binom{x_m}{i_m}\binom{x_{m+1}}{i_{m+1}}$$

$$(2.25)$$

となり, $m+1$ のときも成り立ち, (2.20) が証明された.

なお, (2.22) は Jordan の階乗記号に関する二項定理である. (2.20) を Jordan の階乗記号で書きなおすと,

$$(x_1 + x_2 + \cdots + x_m)_n = \sum_{i_1+i_2+\cdots+i_m=n} \frac{n!}{i_1!i_2!\cdots i_n!}(x_1)_{i_1}(x_2)_{i_2}\cdots(x_m)_{i_m} \quad (2.26)$$

となる．これは Jordan の階乗記号に関する多項定理である．添え字が上に付けば通常の多項定理だが，添え字を下に下ろして累乗から階乗記号の意味に解釈すると形式上全く同じ公式が成り立つのは面白い．もしかしたら，階乗記号は二項定理や多項定理が同様に成り立つように考えられたのかもしれない．

Section 2.3
身近な応用

確率や期待値がよく利用される場面の一つが受験である．受験生は志望校受験に合格する確率を高めるために勉強し，受験生を指導する教員は各受験生の合格率や全受験生の合格者数期待値を高めるために，学習指導だけでなく，各受験生の複数募集受験プランについても検討する．

受験生の受験プラン検討は，現場では教員のかんに頼るところが大きいようである．ここではそれに理論的な根拠を与えることも目的としている．

2.3.1 確率

受験生がいくつかの募集の入試を受験するとき，事前に模擬試験を受験して各募集に対する合格判定を出しておく．すべてに不合格ならば必ず浪人するので，この受験生が浪人しないための必要条件は少なくとも１つに合格することである．この確率を「合格率」と呼ぼう．これを１に近づけるための理論的な手法を考えよう．

今，n 個の募集に出願・受験するとき，それぞれに合格する確率を $p_1, p_2, \cdots, p_n$ とする．これら n 回の受験が独立試行であると仮定すると，すべてに不合

格である確率は $(1-p_1)(1-p_2)\cdots(1-p_n)$ であるから，合格率 P は次のようになる．

$$P = 1 - (1-p_1)(1-p_2)\cdots(1-p_n) \tag{2.27}$$

p_k が 1 に近い k が一つでもあれば，第 2 項の因子 $1-p_k$ が 0 に近くなるので必ず $P \simeq 1$ となる．このことから，

> 合格可能性の高い募集に一つ以上出願・受験する．

いわゆる滑り止めの導入である．また，どの k に対しても p_k が 0 に近いなら，$\prod_{k=1}^{n}(1-p_k)$ は n を大きくとらないと小さくならない．このことから，

> なるべくたくさんの募集に出願・受験する．

いわゆる数を打てば当たるということである．

この 2 つのポイントを押さえながら，現実の出願検討を行う．模試判定の合格可能性の確率が次のようであるとしよう．

A：90 %， B：70 %， C：50 %， D：30 %， E：10 %

判定がD，E，Dである 3 つの募集に出願・受験するとき，合格率 P は次のようになる．

$$P = 1 - 0.7 \times 0.9 \times 0.7 = 0.56 \tag{2.28}$$

これにB判定の募集を追加受験すると P は次のようになる．

$$P = 1 - 0.7 \times 0.9 \times 0.7 \times 0.3 = 0.87 \tag{2.29}$$

このように，B以上の判定の募集を一つでも受験することによって他の募集の判定が悪くても合格率 P はかなり上がる．さらにA判定の募集を追加受験するとほぼ確実に合格するといえる．

$$P = 1 - 0.7 \times 0.9 \times 0.7 \times 0.3 \times 0.1 = 0.99 \tag{2.30}$$

これが滑り止め導入の効果の数値的な様相である．

次に,「数を打てば当たる」ということで,すべてE（D）判定の募集を7つ受験してみよう.合格率は次のようになる.

$$P = 1 - 0.9^7 = 0.52 \ (P = 1 - 0.7^7 = 0.92) \tag{2.31}$$

E判定の合格可能性は実際にはほぼ0である場合もあることに注意しよう.（D判定の募集を7回受験すると一つぐらいは受かると言える.）

2.3.2 期待値

さて,合格率Pはn回受験して少なくとも1回は合格する確率であった.もし,各受験すべて相当難度が高くて,すべて受験してもせいぜい1回合格すればいい方であるという状況を考えてみよう.すると,Pはn回受験したときの合格回数の期待値Eと考えられるだろう.

募集kの受験に合格する確率p_kは十分0に近いとする.$p_k = p$ ($k = 1, 2, \cdots, n$)であるとしよう.これは,同じ学力の受験生n人が一定の難度の募集受験を行うか,一人の受験生が同じ募集受験をn回繰り返すと考えてよい.

$$P = 1 - (1-p)^n \simeq 1 - (1 - np) = np \tag{2.32}$$

これはBernoulli試行の期待値npに一致する.一般には次のようになる.

$$\prod_{k=1}^{n}(1-p_k) = 1 - \sum_{k=1}^{n} p_k + (p_k\text{の2次以上の項}) \simeq 1 - \sum_{k=1}^{n} p_k, \ P \simeq \sum_{k=1}^{n} p_k \tag{2.33}$$

厳密計算

募集kを受験したときの合格回数をX_kとすると,X_kは合格（確率p_k）なら1,そうでない（確率$1-p_k$）なら0の値をとる確率変数である.その期待値$E(X_k) = 0 \cdot (1-p_k) + 1 \cdot p_k = p_k$は合格率に等しい.よって,

$$\sum_{k=1}^{n} p_k = \sum_{k=1}^{n} E(X_k) = E\left(\sum_{k=1}^{n} X_k\right) \tag{2.34}$$

2.3 身近な応用

はすべての募集受験に対する合格回数 $\sum_{k=1}^{n} X_k$ の期待値 E_n である.

この期待値の表式は,性質 $E\left(\sum_{k=1}^{n} X_k\right) = \sum_{k=1}^{n} E(X_k)$ から簡単に得られた. この表式を全募集を受験する試行を考えて導出してみよう. 回りくどいかもしれないが, 過程の議論には興味ある等式もでてくるので, 教養を高めるためにもやってみよう.

まず, $E_1 = p_1$ は明らか. $E_n = \sum_{k=1}^{n} p_k$ が正しいと仮定しよう.

n 回のうち k 回合格する確率を $p_n(k)$ と書くと,

$$E_n = \sum_{k=0}^{n} k p_n(k) = \sum_{k=1}^{n} k p_n(k), \quad \sum_{k=0}^{n} p_n(k) = 1 \tag{2.35}$$

$\{i_1, \cdots, i_k, i_{k+1}, \cdots, i_n\} = \{1, \cdots, n\}$ とするとき, $\{i_{k+1}, \cdots, i_n\} = \{1, \cdots, n\} \setminus \{i_1, i_2, \cdots, i_k\}$ である.

$$p_n(k) = \sum_{\{i_1,i_2,\cdots,i_k\} \subset \{1,2,\cdots,n\}} p_{i_1} p_{i_2} \cdots p_{i_k} (1 - p_{i_{k+1}})(1 - p_{i_{k+2}}) \cdots (1 - p_{i_n}) \tag{2.36}$$

である. 具体的には,

$$\begin{aligned}
p_n(0) &= \prod_{1 \leq k \leq n} (1 - p_k) \\
p_n(1) &= \sum_{l=1}^{n} p_l \prod_{k \neq l, 1 \leq k \leq n} (1 - p_k) \\
p_n(2) &= \sum_{1 \leq l < m \leq n} p_l p_m \prod_{k \neq l, k \neq m, 1 \leq k \leq n} (1 - p_k) \\
&\cdots \\
p_n(n) &= \prod_{1 \leq k \leq n} p_k
\end{aligned} \tag{2.37}$$

となる. $p_{n+1}(k)$ の項について, p_{n+1} を含む項は $1 - p_{n+1}$ を因子に含まず, $1 - p_{n+1}$ を含む項は p_{n+1} を因子に含まないことに注意すると,

$$p_{n+1}(k) = p_n(k-1) p_{n+1} + p_n(k)(1 - p_{n+1}) \ (k = 0, 1, \cdots, n+1) \tag{2.38}$$

が成り立つ. ここで $p_n(-1) = p_n(n+1) = 0$ とする. これは $1, \cdots, n+1$ の募集を受験して k 回合格するには, $1, \cdots, n$ の募集の受験で $k-1$ 回合格し

て $n+1$ 番目の募集受験に合格するか，$1, \cdots, n$ の募集の受験で k 回合格して $n+1$ 番目の募集に合格しないかである，と解釈することができる．このとき，

$$\begin{aligned} E_{n+1} &= \sum_{k=0}^{n+1} k p_{n+1}(k) = \sum_{k=0}^{n+1} k\{p_n(k-1)p_{n+1} + p_n(k)(1-p_{n+1})\} \\ &= p_{n+1} \sum_{k=0}^{n+1} k p_n(k-1) + (1-p_{n+1}) \sum_{k=0}^{n+1} k p_n(k) \\ &= p_{n+1} \sum_{k=0}^{n} (k+1) p_n(k) + (1-p_{n+1}) \sum_{k=0}^{n} k p_n(k) \\ &= p_{n+1} \left(\sum_{k=0}^{n} k p_n(k) + \sum_{k=0}^{n} p_n(k) \right) + (1-p_{n+1}) \sum_{k=0}^{n} k p_n(k) \end{aligned} \tag{2.39}$$

$$E_{n+1} = p_{n+1}(E_n + 1) + (1 - p_{n+1}) E_n$$

この結果は次のように解釈できる．$n+1$ 回の受験のうち $1, 2, \cdots, n$ の n 回が終了したとき，$n+1$ 回目の受験について，成功（p_{n+1}）すれば期待値は1つ増えて $E_n + 1$ となり，失敗（$1 - p_{n+1}$）すれば期待値は E_n のままである．

よって，$E_{n+1} - E_n = p_{n+1}$ ($n = 1, 2, \cdots$) が成り立ち，

$$E_{n+1} = E_n + p_{n+1} = \sum_{k=1}^{n+1} p_k = p_1 + \cdots + p_n + p_{n+1} \tag{2.40}$$

が成り立つ．

よって，任意の自然数に対して

$$E_n = \sum_{k=1}^{n} p_k = p_1 + \cdots + p_n \tag{2.41}$$

となる．

合格者数の予測

公式 $E_n = \sum_{k=1}^{n} p_k$ によって，合格数を予測することができる．信頼のできる模擬試験の判定をすべての受験生，すべての学部・学科・日程・方式に

2.3 身近な応用

ついて出しておく．判定の合格可能性は一定の幅の確率をもつので，幅の階級値を確率とする．これをすべての受験者のすべての出願・受験募集について加えるだけで合格数の予測値が客観的に算出される．これを実行するのは合格可能性の確率の一覧を表計算シートの範囲に配置して=SUM(範囲)というワークシート関数で瞬時に算出できる．一人で複数募集に合格することがあるので，この数は合格者数予測よりも大きくなる．

このように合格数の計算は理論的にも実践的にも簡単であるが，受験料を稼ごうとする大学が大変多くなった現在，合格数そのものは胡散臭い数字である．例えば，ある高校の100人の高校生が受験するとき，高校側が10人の優秀な高校生に，場合によっては受験料も負担し，有名大学ばかりできる限り多くの募集に出願・受験させる．残りの90人の高校生には受けたいところを受けさせる．優秀な10人の受験生が有名大学の合格数80を確保し，残りの90人が有名大学の合格数を20確保したとする．有名大学の合格数100だけを公表して，この高校の受験生のほとんどが有名大学に合格したように見せかければそれは偽装以外の何物でもない．

すべての受験生がいずれかの進路を確保することを優先するときに重要なのは合格数ではなく合格者数である．この予測値を出したければ，一人で複数募集に出願した受験生の複数の合格可能性を一つの「合格率」にまとめる必要がある．それらの合格率を加えて合格者数の予測値として採用してよいだろう．合格者数の計算は理論的にも，実際的にも簡単ではない．合格者数の期待値を $p_1, \cdots, p_n$ で表す公式は非常に複雑になるので，コンピューターの力を借りて最初から実践的に計算するのみである．

受験生 i の受験する n_i 個の募集のうち，j 番目の募集の合格可能性が p_{ij} であるとき，合格率は

$$f(p_{i1}, p_{i2}, \cdots, p_{in_i}) = 1 - (1-p_{i1})(1-p_{i2})\cdots(1-p_{in_i}) \tag{2.42}$$

である．すべての受験生が n 人いれば，合格数期待値は

$$E_n = \sum_{i=1}^{n}\{1-(1-p_{i1})(1-p_{i2})\cdots(1-p_{in_i})\} \tag{2.43}$$

となる．かなり複雑な計算公式なので，確率が 1 より非常に小さいなどの条件がない限り簡単に計算できない．

そこで計算には表計算ソフトを用いる．f に対応するワークシート関数が見つからないので，n 個の数値 $p_1, p_2, \cdots, p_n$ をある範囲のセルに入力して=ps(範囲) が合格率を算出するユーザー定義関数 ps を作ってみよう．

```
Function ps(t As Range)
    Dim c As Range, str As String
    ps = 1
    str = ""
    If WorksheetFunction.CountIfs(t, ">=0", t, "<=1") > 0 Then
        For Each c In target
            If c < 0 Or c > 1 Then
                str = "計算対象でない数値が存在"
                Exit For
            Else
                ps = ps * (1 - c)
            End If
        Next c
    Else
        str = "計算対象数値なし"
    End If

    If str = "" Then
        ps = 1 - ps
    Else
        ps = str
    End If
End Function
```

2.3 身近な応用

　Microsoft Office Excel VBA を使ってこのようなコードをモジュールに保存すると，この関数は，組み込みワークシート関数と同様に使用することができる．範囲内において，セルに数値以外のデータが入力されている場合にはそのセルを計算対象から外し，確率でない数値が一つでも入力されたセルがあればエラーメッセージを返すようなワークシート関数となっている．これを使って次のような Excel の表をつくる．合格率の列には数式

受験生	受験1	受験2	受験3	受験4	受験5	受験6	受験7	合格率
30101	0.3	0.1	0.3					0.56
30102	0.3	0.1	0.3	0.65				0.85
30103	0.3	0.1	0.3	0.65	0.9			0.98
30104	0.1	0.1	0.1	0.1	0.1	0.1	0.1	0.52
30105	0.3	0.3	0.3	0.3	0.3	0.3	0.3	0.92

表 2.1 合格者数を予測する

=ps(RC[-7]:RC[-1]) が設定されており，=SUM(合格率) の値は 3.83 となる．つまり，5人中3.83人は合格することが予測される．誰か一人は浪人し，それはおそらく 30101 か 30104 のいずれかだろう．

第3章
電磁気学の数理

数学の授業で複素数を学ぶとき，実数 (real number) と虚数 (imaginary number) という言葉が用いられる．このことが，実数でない複素数，つまり虚数は，現実に存在せず想像上のもので，どうして数学では現実に存在しないものを考えるのだろうか，という疑問を学ぶ者に植えつけてしまう．とくに，複素数の数学を受験のためだけに学んで終わる大多数の人々はそうなってしまいがちである．

複素数が現実を記述するのに便利だけでなく本質的ですらあることを学ぶ最初の場はやはり電磁気学の場合が多いだろう．

等式

$$e^{i\theta} = \cos\theta + i\sin\theta \qquad (3.1)$$

を Euler の公式という．通常は θ を実数と考えるが，$i\theta, \theta$ を複素数と考えてもこの等式は成り立つ．そのとき，指数関数はべき級数

$$e^z = \sum_{n=0}^{\infty} \frac{z^n}{n!} \qquad (3.2)$$

で定義され，三角関数はべき級数

$$\cos z = \sum_{n=0}^{\infty} \frac{(-1)^n}{(2n)!} z^{2n}, \quad \sin z = \sum_{n=0}^{\infty} \frac{(-1)^n}{(2n+1)!} z^{2n+1} \qquad (3.3)$$

で定義される．Euler の公式を導くには，指数関数 e^z においては $z = i\theta$ (θ は実数) とし，三角関数 $\cos z, \sin z$ においては $z = \theta$（実数）として，これら

のべき級数表示を利用してやればよい．そして θ を実数から複素数へ解析接続する．

Euler の公式の実用性は，面倒な三角関数の四則演算や微積分演算の計算を，より簡単な指数法則の計算などに変換できることにある．電気回路理論や電磁気学の現象論的 Maxwell 方程式の計算では頻繁に利用される．その理由は，主に電気回路や電磁気学の法則のもつ線形性が理論解析の計算を可能にしているからである．物事を理解するには，「具体的に計算できる」ことは非常に重要なのである．さらに，物事を理解するにとどまらず，それを実用的な目的のために積極的に応用するには「制御・設計」する必要があり，具体的に計算した結果が本質的に重要になる．まず計算例を紹介してみよう．

c を正の定数として，1 次元の線形波動方程式

$$\frac{\partial^2 u}{\partial x^2} = \frac{1}{c^2}\frac{\partial^2 u}{\partial t^2} \tag{3.4}$$

を考えよう．最も基本的で簡単な解 $u(x,t)$ の表現として $e^{i(kx-\omega t)}$ を考える．角振動数 (角周波数)ω を与えられた正の数と考え，波数 k を求めてみよう．普通波動は実数の量だから，指数形式を選ぶのは波動の満たす線形波動方程式に計算技術的な便を図るためなのであって，最終的には実部または虚部をとる．$u(x,t) = \mathrm{Re}(e^{i(kx-\omega t)})$ を念頭に，とりあえず $u(x,t) = e^{i(kx-\omega t)}$ とおいてみると，指数関数の簡明な微分公式

$$\frac{\partial}{\partial \xi}e^{\lambda \xi} = \lambda e^{\lambda \xi} \tag{3.5}$$

によって，微分操作 $\partial/\partial \xi$ を代数操作 $\lambda \times$ に置き換えることができ，偏微分方程式が次のような簡単な代数方程式になる：

$$(ik)^2 = \frac{1}{c^2}(-i\omega)^2 \tag{3.6}$$

ただし，両辺から共通因子 $e^{i(kx-\omega t)}$ を落としている．これを解いて $k = \pm \omega/c$ を得，解 $\cos(\pm \omega x/c - \omega t)$} が得られる．これは速さ $\pm c$ で進行する波動を表す．

次に，線形波動方程式が何らかの理由で次の形をとる場合を考えてみよう：

$$\frac{\partial^2 u}{\partial x^2} = \frac{1}{c^2}\frac{\partial^2 u}{\partial t^2} + \gamma\frac{\partial u}{\partial t} \tag{3.7}$$

γ は正の定数とする．この場合に得られる代数方程式は，

$$(ik)^2 = \frac{1}{c^2}(-i\omega)^2 + \gamma(-i\omega),\ k^2 = \omega^2/c^2 + i\gamma\omega \tag{3.8}$$

波数 k はもはや実数ではなく虚数になる．それを $k = k_1 + ik_2$ とかく．この便利な方法を信じて続けると，

$$e^{i(kx-\omega t)} = e^{i(k_1 x-\omega t)-k_2 x} = e^{-k_2 x}e^{i(k_1 x-\omega t)} \tag{3.9}$$

となるので，実の解

$$e^{-k_2 x}\cos(k_1 x - \omega t) \tag{3.10}$$

を得る．$k_1 > 0, k_2 > 0$ の場合，これは振幅が進行方向に減衰していく波動を表すと解釈できる．もし，波動方程式の変更，つまり時間の 1 階微分の項を波動方程式に加えた理由が，波動を伝える媒質のエネルギー損失的な性質を取り入れたものであったなら，この解釈はまさに波動のエネルギーに比例する振幅の大きさの 2 乗を減らすことになるので，的を得ていることになる．これは複素数の方法が線形波動方程式を解く単なる便法以上のものであることを示唆するもので，人為的に発明されたかのような虚数が現実味を帯びてくる．

　電磁気学の歴史は古く，18 世紀に Faraday や Maxwell によって古典電磁気学として完成し，20 世紀には Einstein の特殊相対性理論，朝永,Schwinger,Feynmann らによる量子電磁力学，Weinberg-Salam らによる電弱相互作用理論のように，常に基礎物理学において主役であり続けている．また，電気電子工学や情報通信工学など，今日の IT 社会の基盤技術においても電磁気学は重要な位置を占めている．

Section 3.1
電気回路と複素数

　角周波数 ω の電圧源 $e(t) = E\sin\omega t$ をもつ RLC 直列回路を流れる電流 i がどのようになるかを考えてみよう．

　時刻 $t = 0$ にスイッチを入れる．Ohm の法則や電磁誘導の法則などによれば，抵抗での電圧降下は $v_R = Ri$，コイルを貫く磁束 $\Phi = Li$ の時間変化によるでの電圧降下 $v_L = \dfrac{d\Phi}{dt} = L\dfrac{di}{dt}$，コンデンサに溜まった電荷 $Q = \int_{-\infty}^{t} i\,d\tau$ を容量 C で割ったものがコンデンサでの電圧降下 $v_C = \dfrac{Q}{C} = \dfrac{1}{C}\int_{-\infty}^{t} i\,d\tau$ になる．電気回路における Kirchhoff の第 2 法則より，

$$e = v_R + v_L + v_C \tag{3.11}$$

すなわち

$$E\sin\omega t = Ri + L\frac{di}{dt} + \frac{1}{C}\int_{-\infty}^{t} i\,d\tau \tag{3.12}$$

が成り立つ．R, L, C は正の定数である．スイッチを入れて十分時間がたった後，電流も電源と同じ角周波数の振動電流になるであろう（いわゆる**強制振動**）．そこで，初めから電流の関数形を $i = I\sin(\omega t + \varphi)$ とおいて，I, φ を求めてみよう．電気工学の習慣に従って，以後しばらく虚数単位を j と表す．

　方程式 (3.12) は実数の等式だが，これがある複素数の等式の虚数部分であるとしよう．その複素数の等式は，

$$Ee^{j\omega t} = RIe^{j(\omega t+\varphi)} + L\frac{d(Ie^{j(\omega t+\varphi)})}{dt} + \frac{1}{C}\int Ie^{j(\omega\tau+\varphi)}\,d\tau \tag{3.13}$$

である．指数関数 $e^{\lambda t}$ ($\lambda \neq 0$) の微分積分は簡単で，

$$\frac{d}{dt}e^{\lambda t} = \lambda e^{\lambda t}, \quad \int e^{\lambda t}\,dt = \frac{1}{\lambda}e^{\lambda t} \tag{3.14}$$

となる．積分定数は省略した．方程式 (3.12) は，微分積分方程式であるから，初期条件を考えるべきであるが，ここでは強制振動解を考えているので初期条件は無視する．すると，(3.13) は

$$Ee^{j\omega t} = RIe^{j(\omega t+\varphi)} + j\omega L Ie^{j(\omega t+\varphi)} + \frac{1}{j\omega C}Ie^{j(\omega t+\varphi)}$$

$$E = \left(R + j\omega L + \frac{1}{j\omega C}\right)Ie^{j\varphi}$$

$$Ie^{j\varphi} = \frac{E}{R + j\left(\omega L - \frac{1}{\omega C}\right)} = \frac{Ee^{-j\delta}}{\sqrt{R^2 + \left(\omega L - \frac{1}{\omega C}\right)^2}} \tag{3.15}$$

$$\tan\delta = \frac{\omega L - \frac{1}{\omega C}}{R} \quad \left(-\frac{\pi}{2} < \delta < \frac{\pi}{2}\right)$$

したがって，電源

$$e = E\sin\omega t = \mathrm{Im}(Ee^{j\omega t}) \tag{3.16}$$

による強制振動電流

$$i = \mathrm{Im}(Ie^{j(\omega t+\varphi)}) = \mathrm{Im}(Ie^{j(\omega t-\delta)}) \tag{3.17}$$

は，

$$i = \frac{E}{\sqrt{R^2 + \left(\omega L - \frac{1}{\omega C}\right)^2}}\sin(\omega t - \delta) \tag{3.18}$$

となる．

　一般に，(3.12) のような線形微積分方程式の強制振動解は，微分演算を $j\omega$ をかけること，積分演算を $j\omega$ で割ることに置き換えれば，$j\omega$ の代数方程式を解くことによって求めることができる．

Section 3.2
Maxwell 方程式と複素数—その 1

媒質中の電磁場 $\vec{D} = \varepsilon\vec{E}, \vec{H} = \vec{B}/\mu$ の従う Maxwell 方程式は次のような偏

微分方程式である：

$$\vec{\nabla} \cdot \vec{D} = \rho_e, \ \vec{\nabla} \cdot \vec{B} = 0$$
$$\vec{\nabla} \times \vec{E} + \frac{\partial \vec{B}}{\partial t} = \vec{0}, \ \vec{\nabla} \times \vec{H} - \frac{\partial \vec{D}}{\partial t} = \vec{j}_e \tag{3.19}$$

ε, μ は，媒質の電磁的な性質を現象論的に織り込んだ定数である．$\vec{\nabla} \cdot \vec{D} = \rho_e$ と $\vec{\nabla} \times \vec{H} - \partial \vec{D}/\partial t = \vec{j}_e$ から，

$$\begin{aligned} \vec{\nabla} \cdot \vec{j}_e &= \vec{\nabla} \cdot \left(\vec{\nabla} \times \vec{H} - \frac{\partial \vec{D}}{\partial t} \right) = \vec{\nabla} \cdot (\vec{\nabla} \times \vec{H}) - \frac{\partial (\vec{\nabla} \cdot \vec{D})}{\partial t} \\ &= \vec{\nabla} \cdot (\vec{\nabla} \times \vec{H}) - \frac{\partial \rho_e}{\partial t} \end{aligned} \tag{3.20}$$

ここで，2階微分可能なベクトル $\vec{A}$ について，恒等式

$$\vec{\nabla} \cdot (\vec{\nabla} \times \vec{A}) = 0 \tag{3.21}$$

を使うと，電荷密度 ρ_e と電流密度 $\vec{j}_e$ の満たす方程式

$$\frac{\partial \rho_e}{\partial t} + \vec{\nabla} \cdot \vec{j}_e = 0 \tag{3.22}$$

が得られる．これは連続の式と呼ばれ，電荷に限らず，流体の密度とその流れについて普遍的に成り立つ方程式である．

さらに，媒質が電気伝導性を持てば，やはり現象論的に

$$\vec{j}_e = \sigma \vec{E} \tag{3.23}$$

が成り立つ．これは電気回路の Ohm の法則 $v = Ri$ を電磁気学的に表したものでやはり Ohm の法則と呼ばれる．σ は電気伝導率と呼ばれる定数で，導体の電気伝導率の逆数である．Ohm の法則は電場のエネルギーを使って導体中の荷電粒子を加速するときの導体が示す抵抗を現象論的に取り入れた効果で，荷電粒子の運動エネルギーの一部は熱エネルギーに変化することになる．したがって，Ohm の法則が成り立つ導体中の電磁場にはエネルギー損失が伴う．

3.2　Maxwell 方程式と複素数—その 1

　Ohm の法則は，電場の強さや時間変化，さらに導体の物性に依存する関係式であくまで近似的な法則である．電気伝導のメカニズムも本当は量子論的な取扱いを必要とする．しかし，この法則は電場と電流密度が定数係数の線形な関係にあることを表し，数学的な取扱いを非常に簡潔にするので，以下ではこの法則が成り立つ場合を想定して話を進める．

　電気回路の強制振動解を求めたときと同じように，電磁場の時間依存性も空間依存性も正弦的であると仮定しよう．十分時間がたった後の定常的な状態を考えるので電荷密度も 0 とする．この仮定は，結果的に電磁場が Maxwell 方程式の解を満たすことよって正当化される．時間依存性は角周波数 ω で，空間依存性は波数ベクトル $\vec{k} = (k_x, k_y, k_z)$ で表すと，複素電磁場の関数形は

$$\vec{E}(\vec{r}, t) = \vec{E}_{\omega, \vec{k}} e^{-i(\omega t - \vec{k} \cdot \vec{r})}, \quad \vec{H}(\vec{r}, t) = \vec{H}_{\omega, \vec{k}} e^{-i(\omega t - \vec{k} \cdot \vec{r})} \tag{3.24}$$

となる．$\vec{E}_{\omega, \vec{k}}, \vec{H}_{\omega, \vec{k}}$ は複素数を成分とするベクトルである．因子

$$e^{-i(\omega t - \vec{k} \cdot \vec{r})} = e^{-i\omega t} e^{ik_x x} e^{ik_y y} e^{ik_z z} \tag{3.25}$$

から分かるように，電磁場に対しては，時間微分演算子 $\partial/\partial t$ が $-i\omega$ をかけることに置き換えられ，空間微分演算子 $\vec{\nabla} = (\partial/\partial x, \partial/\partial y, \partial/\partial z)$ は $i\vec{k}$ をかけることに置き換えられる．従って Maxwell 方程式は，代数方程式

$$\begin{aligned} i\vec{k} \cdot \vec{E}_{\omega, \vec{k}} = 0, \; i\vec{k} \cdot \vec{H}_{\omega, \vec{k}} = 0 \\ i\vec{k} \times \vec{E}_{\omega, \vec{k}} - i\omega\mu \vec{H}_{\omega, \vec{k}} = \vec{0}, \; i\vec{k} \times \vec{H}_{\omega, \vec{k}} + i\omega\tilde{\varepsilon}\vec{E}_{\omega, \vec{k}} = \vec{0} \end{aligned} \tag{3.26}$$

になる．ここで (3.23) によって媒質の誘電率 ε が複素誘電率

$$\tilde{\varepsilon} = \varepsilon + i\frac{\sigma}{\omega} \tag{3.27}$$

に置き換わっていることに注意しよう．最初の 2 式は電磁場のベクトルは波数ベクトルにともに垂直であることを表している．次の 2 式から，

$$\vec{H}_{\omega, \vec{k}} = \frac{1}{\omega\mu} \vec{k} \times \vec{E}_{\omega, \vec{k}}, \quad \vec{E}_{\omega, \vec{k}} = \frac{1}{\omega\tilde{\varepsilon}} \vec{H}_{\omega, \vec{k}} \times \vec{k} \tag{3.28}$$

となる．この 2 式において，公式

$$\vec{a} \cdot (\vec{b} \times \vec{c}) = \vec{b} \cdot (\vec{c} \times \vec{a}) = \vec{c} \cdot (\vec{a} \times \vec{b}) \tag{3.29}$$

により，電磁場のベクトルはともに波数ベクトルに垂直であること，また，$\vec{E}_{\omega,\vec{k}} \cdot \vec{H}_{\omega,\vec{k}} = \{1/(\omega\mu)\}\vec{E}_{\omega,\vec{k}} \cdot (\vec{k} \times \vec{E}_{\omega,\vec{k}}) = \{1/(\omega\mu)\}\vec{k} \cdot (\vec{E}_{\omega,\vec{k}} \times \vec{E}_{\omega,\vec{k}}) = 0$ より，電場ベクトルと磁場ベクトルは垂直であることがわかる．さらに，公式

$$\vec{a} \times (\vec{b} \times \vec{c}) = \vec{b}(\vec{a} \cdot \vec{c}) - \vec{c}(\vec{a} \cdot \vec{b}) \tag{3.30}$$

により，

$$\vec{H}_{\omega,\vec{k}} = \frac{\vec{k} \times (\vec{H}_{\omega,\vec{k}} \times \vec{k})}{\omega^2 \tilde{\varepsilon}\mu} = \frac{\vec{H}_{\omega,\vec{k}}(\vec{k} \cdot \vec{k}) - \vec{k}(\vec{k} \cdot \vec{H}_{\omega,\vec{k}})}{\omega^2 \tilde{\varepsilon}\mu} = \frac{k^2}{\omega^2 \tilde{\varepsilon}\mu}\vec{H}_{\omega,\vec{k}} \tag{3.31}$$

$$k^2 = \omega^2 \tilde{\varepsilon}\mu = \omega^2(\varepsilon + i\sigma/\omega)\mu = \omega^2\varepsilon\mu + i\sigma\omega\mu$$

波数ベクトルは複素誘電率 $\tilde{\varepsilon} = \varepsilon + i\sigma/\omega$ のため一般に複素数になる．電気回路と同様に，偏微分方程式のMaxwell方程式が線形であるためにこのような便利な計算が可能になったのである．最終的には，複素電磁場の実部または虚部をとることによって実電磁場を求める．真空中なら，$\varepsilon = \varepsilon_0, \mu = 1/(\varepsilon_0 c^2), \sigma = 0$ となり，波数ベクトルは実ベクトルで，その方向の単位ベクトルを $\vec{n}$ とすると，

$$\vec{k} = \frac{\omega}{c}\vec{n} \tag{3.32}$$

となる．電場ベクトル方向の単位ベクトルを $\vec{e}$ とすると，

$$\begin{aligned}\vec{E}(\vec{r},t) &= \vec{e}E\sin(\vec{k} \cdot \vec{r} - \omega t) = \vec{e}E\sin\frac{\omega}{c}(\vec{n} \cdot \vec{r} - ct) \\ \vec{B}(\vec{r},t) &= \frac{1}{\omega}\vec{k} \times \vec{E}(\vec{r},t) = \frac{1}{c}\vec{n} \times \vec{e}E\sin\frac{\omega}{c}(\vec{n} \cdot \vec{r} - ct)\end{aligned} \tag{3.33}$$

これは直線的な偏りを持つ電磁波を表し，純粋に単色平面的であり，光速 c で方向 $\vec{n}$ へ走る．

真空中でなく，導体中ならば，伝導率 σ が存在し，複素誘電率の虚部したがって波数ベクトルの虚部が生じることを意味する．電磁場の時間空間依存性は，波数ベクトルの向きを x 軸方向にとると，因子

$$e^{-i(\omega t - kx)} = e^{-i\omega t}e^{ikx} \tag{3.34}$$

3.2 Maxwell 方程式と複素数—その 1

によって表せる．虚部が存在する波数 $k = k_1 + ik_2$ に対し，この因子は，

$$e^{-i(\omega t - kx)} = e^{-i\omega t} e^{ik_1 x - k_2 x} = e^{-k_2 x} e^{i(k_1 x - \omega t)} \tag{3.35}$$

となり，実際の電磁場の依存性はこの因子の虚部であるから，

$$e^{-k_2 x} \sin(k_1 x - \omega t) \tag{3.36}$$

となる．これは純粋に三角関数的ではなく指数因子 $e^{-k_2 x}$ が入り込んでいて，$t = 0$ におけるグラフは図 3.1 のようになる．複素電磁場は Maxwell 方程式と Euler の公式の線形性を利用した便宜的なものであったが，その結果生じた数学的な産物としてのこの指数因子の解釈については，以前 1 次元線形波動方程式 (3.4) の場合と同様の解釈ができる．詳細は節を改めて議論する．

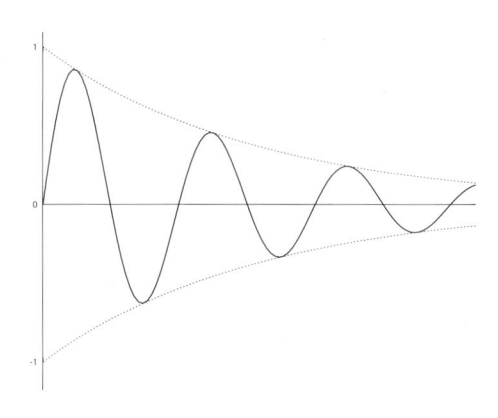

図 **3.1** 減衰する正弦振動

Section 3.3
Maxwell 方程式と複素数—その 2

3.3.1 高校数学の問題

はじめに高校数学から次の問題を考えよう．

$$z の 2 次方程式$$
$$z^2 = 3 + 4i \tag{3.37}$$
$$を解け．（答：z = \pm(2 + i)）$$

解き方はいろいろある．$z = x + iy$ とおいて，両辺の実部と虚部を比較する方法，$z = r(\cos\theta + i\sin\theta)$ とおいて，両辺の絶対値と偏角を比較する方法など．それぞれの解法には，それなりの面白さもあり，教育的な面もある．

$\alpha = a + ib$ のとき，$b = 0$ なら $z^2 = a, z = \pm\sqrt{a}$．よって，以下では $b \neq 0$ のときを考える．

z を a, b の式で表すのに，2 つの方法でやってみよう．

方法 1

$z = x + yi$ とおくと，

$$(x + iy)^2 = a + ib, x^2 - y^2 + i2xy = a + bi$$
$$\iff x^2 - y^2 = a, 2xy = b \tag{3.38}$$

$y = \dfrac{b}{2x}$ を $x^2 - y^2 = a$ に代入して，

$$x^2 - \frac{b^2}{4x^2} = a, (2x^2)^2 - 2a(2x^2) - b^2 = 0$$
$$2x^2 = a \pm \sqrt{a^2 + b^2} \tag{3.39}$$

ここで負号をとると、$b \neq 0$ より $2x^2 = a - \sqrt{a^2+b^2} < a - |a| \leq 0, x^2 < 0$ となり x が実数であることに反する。よって、

$$2x^2 = a + \sqrt{a^2+b^2}, \quad x = \pm\sqrt{\frac{a+\sqrt{a^2+b^2}}{2}}$$

$$y = \frac{b}{2x} = \frac{b}{\pm 2\sqrt{\frac{a+\sqrt{a^2+b^2}}{2}}} = \frac{\pm b\sqrt{\frac{\sqrt{a^2+b^2}-a}{2}}}{2\sqrt{\frac{\sqrt{a^2+b^2}+a}{2}}\sqrt{\frac{\sqrt{a^2+b^2}-a}{2}}} \tag{3.40}$$

$$= \frac{\pm b\sqrt{\frac{\sqrt{a^2+b^2}-a}{2}}}{\sqrt{a^2+b^2-a^2}} = \pm\frac{b}{|b|}\sqrt{\frac{\sqrt{a^2+b^2}-a}{2}}$$

こうして $z = x + iy$ は次のようになる：

$$z = \pm\left(\sqrt{\frac{\sqrt{a^2+b^2}+a}{2}} + i\frac{b}{|b|}\sqrt{\frac{\sqrt{a^2+b^2}-a}{2}}\right) \tag{3.41}$$

方法 2

$\alpha = re^{i\theta} = r(\cos\theta + i\sin\theta)$ とおくと、$b \neq 0$ であるから、$r = \sqrt{a^2+b^2} > 0, 0 < |\theta| < \pi$ となる。一般に、n を正の整数とするとき、$z^n = \alpha$ の解は $\alpha = re^{i\theta}$ の n 乗根

$$z_k = r^{1/n} e^{i\theta/n} e^{i2\pi k/n} = r^{1/n} e^{i(\theta+2\pi k)/n}$$
$$= \sqrt[n]{r}\left\{\cos\left(\frac{\theta+2\pi k}{n}\right) + i\sin\left(\frac{\theta+2\pi k}{n}\right)\right\} \tag{3.42}$$
$$(k = 0, 1, \cdots, n-1)$$

である。$n = 2$ として、$z = \pm\sqrt{r}(\cos\frac{\theta}{2} + i\sin\frac{\theta}{2})$ は $z^2 = \alpha$ の 2 解となる。$0 < |\theta/2| < \pi/2$ であるから、

$$\cos\frac{\theta}{2} = \sqrt{\frac{1+\cos\theta}{2}}, \quad \sin\frac{\theta}{2} = \pm\sqrt{\frac{1-\cos\theta}{2}} \tag{3.43}$$

$\sin\frac{\theta}{2}$ の符号は，θ の符号すなわち b の符号に一致する．$\cos\theta = a/r$ であるから，

$$\sqrt{r}\left(\cos\frac{\theta}{2} + \sin\frac{\theta}{2}\right) = \sqrt{r}\left(\sqrt{\frac{1+a/r}{2}} \pm i\sqrt{\frac{1-a/r}{2}}\right) \\ = \sqrt{\frac{r+a}{2}} \pm i\sqrt{\frac{r-a}{2}} \tag{3.44}$$

$r = \sqrt{a^2 + b^2}$ であるから，$z = \pm\sqrt{r}(\cos\theta/2 + i\sin\theta/2)$ は，(3.41) となる．

3.3.2　導体中の Maxwell 方程式

　工科系の数学などの教科書に $z^2 = a + ib$ の公式が紹介されているのには理由がある．それは，$\sqrt{a+ib}$ という表現がよく出てくるのだ．

　前節で，Ohm の法則が成り立つような媒質すなわち導体中の電磁波について，Maxwell 方程式と Euler の公式の線形性を利用して単色平面波解を求めた．真空中ならば，電磁波の波数 $k = 2\pi/\lambda$ （λ は波長）と角振動数 ω の関係式は，

$$k^2 = \omega^2 \varepsilon_0 \mu_0 \tag{3.45}$$

となる．$c = 1/\sqrt{\varepsilon_0\mu_0}$ とおくと，これは $k = \pm\omega/c$ を意味し，電磁波の進む方向を x 軸にとると，電磁波の時間変化，空間変化は

$$e^{i(kx-\omega t)} = e^{i\frac{\omega}{c}(x-ct)} \tag{3.46}$$

で表せる．これは電磁波の振幅が一定の面が速さ c で x 軸の方向へ進むことを意味する．ところが，真空中ではなく，電気伝導率 σ，誘電率 ε と透磁率 μ の物質中の場合，波数 k と角振動数 ω の関係式は，

$$k^2 = \omega^2 \varepsilon\mu + i\omega\sigma\mu \tag{3.47}$$

となったのだった．ここで，σ, ε, μ は正の実数とする．電磁波の空間依存性が e^{ikx} であるという数学的な仮定を貫こうとすると，どのような物理的解釈に到るかをみてみよう．

さて，

$$\left(\frac{k}{\omega\sqrt{\varepsilon\mu}}\right)^2 = 1 + i\frac{\sigma}{\omega\varepsilon} \tag{3.48}$$

と書き直し，$z^2 = a + ib$ の公式を用いると，$k/(\omega\sqrt{\varepsilon\mu})$ で実部が正のものは，

$$\begin{aligned}\frac{k}{\omega\sqrt{\varepsilon\mu}} &= \sqrt{1 + i\frac{\sigma}{\omega\varepsilon}} \\ &= \sqrt{\frac{\sqrt{1+\left(\frac{\sigma}{\omega\varepsilon}\right)^2}+1}{2}} + i\sqrt{\frac{\sqrt{1+\left(\frac{\sigma}{\omega\varepsilon}\right)^2}-1}{2}}\end{aligned} \tag{3.49}$$

となる．物質が良導体なら電気伝導率が大で，$\sigma/(\omega\varepsilon) \gg 1$ と考えてよいので，これは近似的に

$$\sqrt{\frac{\sigma/(\omega\varepsilon)}{2}} + i\sqrt{\frac{\sigma/(\omega\varepsilon)}{2}} = (1+i)\sqrt{\frac{\sigma}{2\omega\varepsilon}} \tag{3.50}$$

となり，波数で実部が正のものは，

$$k \simeq (1+i)\sqrt{\frac{\sigma\omega\mu}{2}} \tag{3.51}$$

となる．このとき，電磁波の空間依存性を $x \geqq 0$ で考えると，

$$e^{ikx} \simeq e^{-\sqrt{\frac{\sigma\omega\mu}{2}}x} e^{i\sqrt{\frac{\sigma\omega\mu}{2}}x} \tag{3.52}$$

のように，振幅が指数関数的に小さくなる．もし，$x<0$ が真空で，$x=0$ を境界面として，$x>0$ に電気伝導率 σ の導体があるとしよう．すると，真空から導体に入射した単色平面電磁波は，導体に深く侵入することができないことを意味する．これは，導体の表皮効果とよばれている．電磁波の振幅が真空中での値から $1/e$ になる深さ $\sqrt{2/(\sigma\omega\mu)}$ を skin depth という．

媒質中の電磁場の問題をもう少し一般的に考えてみよう．電流と電場の間に現象論的な Ohm の法則 (3.23) を仮定する．

まず，電磁場のエネルギー密度

$$w = \frac{1}{2}\varepsilon\vec{E}^2 + \frac{1}{2}\mu\vec{H}^2 \tag{3.53}$$

の時間変化を計算してみよう．Maxwell 方程式 $\vec{\nabla}\times\vec{E}+\mu\partial\vec{H}/\partial t = \vec{0}, \vec{\nabla}\times\vec{H}-\varepsilon\partial\vec{E}/\partial t = \vec{j}_e$ を使って，

$$\begin{aligned}\frac{\partial w}{\partial t} &= \vec{E}\cdot\varepsilon\frac{\partial \vec{E}}{\partial t}+\vec{H}\cdot\mu\frac{\partial \vec{H}}{\partial t} = \vec{E}\cdot(\vec{\nabla}\times\vec{H}-\vec{j}_e)+\vec{H}\cdot(-\vec{\nabla}\times\vec{E})\\ &= -\{\vec{H}\cdot(\vec{\nabla}\times\vec{E})-\vec{E}\cdot(\vec{\nabla}\times\vec{H})\}-\vec{j}_e\cdot\vec{E}\\ &= -\vec{\nabla}\cdot(\vec{E}\times\vec{H})-\vec{j}_e\cdot\vec{E}\end{aligned} \quad (3.54)$$

これを導体中で積分する．そのとき，3 次元ベクトル場 $\vec{A}(\vec{r})$ についての Gauss の定理

$$\int_V dV \vec{\nabla}\cdot\vec{A}(\vec{r}) = \oint_S d\vec{S}\cdot\vec{A}(\vec{r}) \quad (3.55)$$

を用いると，

$$\begin{aligned}\frac{d}{dt}\int_V dV w &= -\int_V dV \vec{\nabla}\cdot(\vec{E}\times\vec{H}) - \int_V dV \vec{j}_e\cdot\vec{E}\\ &= -\oint_S d\vec{S}\cdot(\vec{E}\times\vec{H}) - \int_V dV \vec{j}_e\cdot\vec{E}\\ &= -\oint_S d\vec{S}\cdot(\vec{E}\times\vec{H}) - \int_V dV \vec{j}_e^{\,2}/\sigma\\ -\frac{d}{dt}\int_V dV w &= \oint_S d\vec{S}\cdot(\vec{E}\times\vec{H}) + \int_V dV \vec{j}_e^{\,2}/\sigma\end{aligned} \quad (3.56)$$

となる．ここで V は導体を表し，S はその表面を表す．最後の等式は次のように解釈できる．左辺において電磁場のエネルギーが減少すると，その減少分が右辺の導体から出ていく電磁場のエネルギー流 (第 1 項) と導体内で単位時間に消費される熱エネルギー (第 2 項) になっていると解釈できる．こうして，σ が電磁場の振幅を減衰させることの物理的意味は，Ohm 電流 $\sigma\vec{E}$ によるエネルギー損失であることが分かった．

ここで右辺第 1 項が電磁場のエネルギー流と解釈できることについて説明を加えておこう．電流がなければ，上の式の元になった微分形の方程式は

$$\frac{\partial w}{\partial t}+\vec{\nabla}\cdot(\vec{E}\times\vec{H}) = 0 \quad (3.57)$$

3.3 Maxwell 方程式と複素数—その 2

となる.このことから,$\vec{E} \times \vec{H}$ は電磁場のエネルギー流密度をあらわし,この方程式は電磁場のエネルギーに関する連続の式と解釈できる.実際,電磁場が単色平面電磁波であれば,$\vec{k} = \frac{\omega}{c}\vec{n}$ とかくと,

$$\vec{n} \cdot \vec{E} = 0, \ \vec{B} = \frac{1}{c}\vec{n} \times \vec{E} \ \therefore \ B = \frac{1}{c}E$$
$$w = \frac{1}{2}\varepsilon_0(E^2 + c^2 B^2) = \varepsilon_0 E^2 \tag{3.58}$$
$$\vec{E} \times \vec{H} = \varepsilon_0 c^2 \vec{E} \times \vec{B} = \varepsilon_0 c E^2 \vec{n} = wc\vec{n}$$

であるから,$\vec{S} = \vec{E} \times \vec{H} = wc\vec{n}$ は (エネルギー密度)×(速度) となって確かにエネルギー流密度ベクトルである.$\vec{S}$ は Poynting ベクトルと呼ばれる.また,$S = wc$ を c^2 で割れば $S/c^2 = w/c$ となるが,これは

$$\frac{S}{c^2} = \frac{\text{エネルギー密度}}{c} \tag{3.59}$$

となる.一方,特殊相対性理論によると質量 m の粒子の運動エネルギー E と運動量 $\vec{p}$ は,

$$E = \frac{mc^2}{\sqrt{1 - v^2/c^2}}, \ \vec{p} = \frac{m\vec{v}}{\sqrt{1 - v^2/c^2}} \ \therefore \ \vec{p} = \frac{E\vec{v}}{c^2} \tag{3.60}$$

となる.この式で $v = c$ とすると,$m = 0, p = E/c$ が得られる.つまり,光速で走る粒子の質量は 0 で,その運動量はエネルギーを c で割ったものであることを示す.よって,S/c^2 は電磁場の運動量流密度で,電磁場は質量 0 の光速で走る粒子と解釈することができる.電磁場の量子論では電磁場の粒子を光子とよぶ.

電流がないときの,導体中の Maxwell 方程式の解としての実電磁場をきちんと書き下してみよう.その前に,複素電磁場は,複素波数ベクトル $\vec{k}$ の方向を x 軸方向に,電場の方向を y 軸方向にそれぞれとると,$\vec{k} = (k_1 + ik_2)\vec{e}_x$

とかけるから，

$$\begin{aligned}
\tilde{\vec{E}}(x,t) &= \vec{e}_y E e^{i\{(k_1+ik_2)x-\omega t\}} = \vec{e}_y E e^{-k_2 x} e^{i(k_1 x-\omega t)} \\
\tilde{\vec{H}}(x,t) &= \frac{1}{\omega\mu}(k_1+ik_2)\vec{e}_x \times \tilde{\vec{E}}(x,t) \\
&= \frac{1}{\omega\mu}(k_1+ik_2)\vec{e}_x \times \vec{e}_y E e^{(k_1+ik_2)x-\omega t} \\
&= \vec{e}_z \frac{1}{\omega\mu}(k_1+ik_2) E e^{-k_2 x} e^{i(k_1 x-\omega t)}
\end{aligned} \tag{3.61}$$

となり，この虚数部が実電磁場である：

$$\begin{aligned}
\vec{E}(x,t) &= \vec{e}_y E e^{-k_2 x}\sin(k_1 x-\omega t) \\
\vec{H}(x,t) &= \vec{e}_z \frac{E}{\omega\mu} e^{-k_2 x}\{k_1\sin(k_1 x-\omega t)+k_2\cos(k_1 x-\omega t)\}
\end{aligned} \tag{3.62}$$

このようにして，Maxwell 方程式の実電磁場を簡単に求めることができる．複素電磁場を経由せずにこれを求めるのはやや面倒だろう．実際これが解であることを確かめるのもやや面倒な計算であるが，一応これを実行しておこう．

電場と磁場はそれぞれ y,z 成分しかもたない x,t のみの関数であることに注意すると，Maxwell 方程式における空間微分演算子は $\vec{\nabla}=\vec{e}_x \partial/\partial x$ となるので，

$$\begin{aligned}
\vec{e}_x \frac{\partial}{\partial x} \times \vec{e}_y E_y(x,t) + \mu\frac{\partial}{\partial t}\vec{e}_z H_z(x,t) &= \vec{0} \\
\vec{e}_x \frac{\partial}{\partial x} \times \vec{e}_z H_z(x,t) - \varepsilon\frac{\partial}{\partial t}\vec{e}_y E_y(x,t) &= \sigma\vec{e}_y E_y(x,t)
\end{aligned} \tag{3.63}$$

すなわち，

$$\begin{aligned}
\frac{\partial E_y(x,t)}{\partial x} + \mu\frac{\partial H_z(x,t)}{\partial t} &= 0 \\
-\frac{\partial H_z(x,t)}{\partial x} &= \varepsilon\frac{\partial E_y(x,t)}{\partial t} + \sigma E_y(x,t)
\end{aligned} \tag{3.64}$$

3.3 Maxwell 方程式と複素数—その 2

となる.(3.62)がこれらの方程式を満たすことを確認する.まず,第 1 式は,

$$\begin{aligned}
&\frac{\partial E_y(x,t)}{\partial x} + \mu \frac{\partial H_z(x,t)}{\partial t} \\
&= E\frac{\partial \{e^{-k_2 x}\sin(k_1 x - \omega t)\}}{\partial x} \\
&\quad + \frac{E}{\omega}\frac{\partial [e^{-k_2 x}\{k_1 \sin(k_1 x - \omega t) + k_2 \cos(k_1 x - \omega t)\}]}{\partial t} \\
&= E\{-k_2 e^{-k_2 x}\sin(k_1 x - \omega t) + e^{-k_2 x}k_1 \cos(k_1 x - \omega t)\} \\
&\quad + \frac{E}{\omega}[-\omega\{e^{-k_2 x}\{k_1 \cos(k_1 x - \omega t) - k_2 \sin(k_1 x - \omega t)\}\}] = 0
\end{aligned} \tag{3.65}$$

となり成り立ち,第 2 式の左辺は,

$$\begin{aligned}
&-\frac{E}{\omega\mu}\frac{\partial}{\partial x}[e^{-k_2 x}\{k_1 \sin(k_1 x - \omega t) + k_2 \cos(k_1 x - \omega t)\}] \\
&= -\frac{E}{\omega\mu}\frac{\partial}{\partial x}\{k_1 e^{-k_2 x}\sin(k_1 x - \omega t) + k_2 e^{-k_2 x}\cos(k_1 x - \omega t)\} \\
&= -\frac{E}{\omega\mu}\{-k_1 k_2 e^{-k_2 x}\sin(k_1 x - \omega t) + k_1^2 e^{-k_2 x}\cos(k_1 x - \omega t) \\
&\quad - k_2^2 e^{-k_2 x}\cos(k_1 x - \omega t) - k_1 k_2 e^{-k_2 x}\sin(k_1 x - \omega t)\} \\
&= -\frac{E e^{-k_2 x}}{\omega\mu}\{(k_1^2 - k_2^2)\cos(k_1 x - \omega t) - 2k_1 k_2 \sin(k_1 x - \omega t)\}
\end{aligned} \tag{3.66}$$

ここで,$k = k_1 + ik_2$ について (3.49) より,

$$\begin{aligned}
k_1 &= \pm\omega\sqrt{\varepsilon\mu}\sqrt{\frac{\sqrt{1+\left(\frac{\sigma}{\omega\varepsilon}\right)^2}+1}{2}} \\
k_2 &= \pm\omega\sqrt{\varepsilon\mu}\sqrt{\frac{\sqrt{1+\left(\frac{\sigma}{\omega\varepsilon}\right)^2}-1}{2}}
\end{aligned} \quad \text{(複号同順)} \tag{3.67}$$

であるから，

$$k_1^2 - k_2^2 = \omega^2 \varepsilon\mu \left(\frac{\sqrt{1+\left(\frac{\sigma}{\omega\varepsilon}\right)^2}+1}{2} - \frac{\sqrt{1+\left(\frac{\sigma}{\omega\varepsilon}\right)^2}-1}{2} \right)$$

$$= \omega^2 \varepsilon\mu$$

$$2k_1 k_2 = 2\omega^2 \varepsilon\mu \sqrt{\frac{\sqrt{1+\left(\frac{\sigma}{\omega\varepsilon}\right)^2}+1}{2} \cdot \frac{\sqrt{1+\left(\frac{\sigma}{\omega\varepsilon}\right)^2}-1}{2}} \tag{3.68}$$

$$= 2\omega^2 \varepsilon\mu \sqrt{\frac{1+\left(\frac{\sigma}{\omega\varepsilon}\right)^2-1^2}{4}} = 2\omega^2 \varepsilon\mu \sqrt{\frac{\left(\frac{\sigma}{\omega\varepsilon}\right)^2}{4}}$$

$$= 2\omega^2 \varepsilon\mu \frac{\sigma}{2\omega\varepsilon} = \omega\mu\sigma$$

ゆえに，第 2 式左辺は

$$\begin{aligned}
&-\frac{Ee^{-k_2 x}}{\omega\mu}\{\omega^2 \varepsilon\mu \cos(k_1 x - \omega t) - \omega\mu\sigma \sin(k_1 x - \omega t)\} \\
&= Ee^{-k_2 x}\varepsilon(-\omega)\cos(k_1 x - \omega t) + \sigma Ee^{-k_2 x}\sin(k_1 x - \omega t) \\
&= \varepsilon\frac{\partial}{\partial t}\{Ee^{-k_2 x}\sin(k_1 x - \omega t)\} + \sigma\{Ee^{-k_2 x}\sin(k_1 x - \omega t)\} \\
&= \varepsilon\frac{\partial E_y(x,t)}{\partial t} + \sigma E_y(x,t)
\end{aligned} \tag{3.69}$$

となり，第 2 式が成り立つ．

このように，導体中の Ohm の法則という現実的な仮定を置いた場合にも，真空中と同様の単色平面波解を貫くことができ，数学的技術的も全く同様の手法が使える．しかも，結果は振幅の空間正弦的な変化は，Euler の公式を通して自動的に，振幅が空間的に減衰するという物理的解釈ができる指数関数的変化になってくれるのである．その減衰を表す因子 $e^{-k_2 x}$ は波数 $k = \omega\sqrt{\varepsilon\mu}\sqrt{1+i\sigma/(\omega\varepsilon)}$ の虚部

$$\pm\omega\sqrt{\varepsilon\mu}\sqrt{\frac{\sqrt{1+\left(\frac{\sigma}{\omega\varepsilon}\right)^2}-1}{2}} \tag{3.70}$$

の存在から導かれる．これは伝導率 σ が 0 になると 0 になるが，それは導体が真空であることを意味し，真空中の場合も含んでいる．このように，計

3.3 Maxwell 方程式と複素数—その2

算に便利というだけでなく，虚数はその名称とは裏腹に正に現実を表すものであるとも言えるのではないだろうか．

(3.64) の第1式とそれを x で微分したもの，および第2式を t で微分したものから，次のようにある線形偏微分方程式が導かれる．

$$\frac{\partial E_y(x,t)}{\partial x} + \mu \frac{\partial H_z(x,t)}{\partial t} = 0, \quad \frac{\partial^2 E_y(x,t)}{\partial x^2} + \mu \frac{\partial^2 H_z(x,t)}{\partial x \partial t} = 0$$

$$-\frac{\partial^2 H_z(x,t)}{\partial t \partial x} = \varepsilon \frac{\partial^2 E_y(x,t)}{\partial t^2} + \sigma \frac{\partial E_y(x,t)}{\partial t} \quad (3.71)$$

$$\therefore \frac{\partial^2 E_y(x,t)}{\partial x^2} = \varepsilon\mu \frac{\partial^2 E_y(x,t)}{\partial t^2} + \sigma\mu \frac{\partial E_y(x,t)}{\partial t}$$

(3.64) の第1式を t で微分したものと第2式を x で微分したものからは，磁場ベクトル $H_z(x,t)$ が全く同じ方程式を満たすことが導かれる．もっと一般に，Maxwell 方程式と Ohm の法則から，電磁場の任意の成分 $u(\vec{r},t)$ について，

$$\nabla^2 u = \varepsilon\mu \frac{\partial^2 u}{\partial t^2} + \sigma\mu \frac{\partial u}{\partial t} \quad (3.72)$$

が成り立つことを証明することができる．実際，$\vec{\nabla} \times \vec{H} - \varepsilon \partial \vec{E}/\partial t = \sigma \vec{E}$ の両辺の左から $\vec{\nabla} \times$ をとると，公式

$$\vec{\nabla} \times (\vec{\nabla} \times \vec{A}) = \vec{\nabla}(\vec{\nabla} \cdot \vec{A}) - \nabla^2 \vec{A} \quad (3.73)$$

を使って，

$$\vec{\nabla} \times (\vec{\nabla} \times \vec{H}) - \varepsilon \frac{\partial(\vec{\nabla} \times \vec{E})}{\partial t} = \sigma \vec{\nabla} \times \vec{E} \quad (3.74)$$

ここで，$\vec{\nabla} \times \vec{E} = -\mu \partial \vec{H}/\partial t$ を代入して，

$$\vec{\nabla}(\vec{\nabla} \cdot \vec{H}) - \nabla^2 \vec{H} - \varepsilon \frac{\partial}{\partial t}\left(-\mu \frac{\partial \vec{H}}{\partial t}\right) = \sigma\left(-\mu \frac{\partial \vec{H}}{\partial t}\right) \quad (3.75)$$

さらに $\mu \vec{\nabla} \cdot \vec{H} = 0$ を用いて，

$$-\nabla^2 \vec{H} + \varepsilon\mu \frac{\partial^2 \vec{H}}{\partial t^2} = -\sigma\mu \frac{\partial \vec{H}}{\partial t} \quad (3.76)$$

となる．また，$\vec{\nabla} \times \vec{E} + \mu \partial \vec{H}/\partial t = 0$ の両辺の左から $\vec{\nabla} \times$ をとり，$\vec{\nabla} \times \vec{H} = \varepsilon \partial \vec{E}/\partial t + \sigma \vec{E}, \varepsilon \vec{\nabla} \cdot \vec{E} = 0$ を使って，

$$\vec{\nabla} \times (\vec{\nabla} \times \vec{E}) + \mu \frac{\partial (\vec{\nabla} \times \vec{H})}{\partial t} = 0$$
$$\vec{\nabla}(\vec{\nabla} \cdot \vec{E}) - \nabla^2 \vec{E} + \mu \frac{\partial}{\partial t}(\varepsilon \frac{\partial \vec{E}}{\partial t} + \sigma \vec{E}) = \vec{0} \quad (3.77)$$
$$-\nabla^2 \vec{E} + \mu \varepsilon \frac{\partial^2 \vec{E}}{\partial t^2} + \mu \sigma \frac{\partial \vec{E}}{\partial t} = \vec{0}$$

となる．いずれにしても $\vec{E}, \vec{H}$ の任意の成分 u は (3.72) を満たす．

(3.72) の形は，導出もとの導体中 Maxwell 方程式よりも簡単な形をしていて，$e^{i(kx-\omega t)}$ の形の解が存在することは容易に想像がつく．実際，時間依存を正弦的に $u(x,t) = \phi(x)e^{-i\omega t}$ の形の解を仮定すると，

$$\frac{d^2 \phi(x)}{dx^2} = -(\omega^2 \varepsilon \mu + i\omega \sigma \mu)\phi(x) \quad (3.78)$$

となる．$k = \omega \sqrt{\varepsilon \mu} \sqrt{1 + i\sigma/(\omega \varepsilon)}$ とおくとこの方程式は $d^2\phi(x)/dx^2 + k^2 \phi(x) = 0$ となり，これは $e^{\pm ikx}$ の形を解とする．これは，最初から仮定した Maxwell 方程式の解と全く同様の解である．

(3.72) は，以前紹介した損失項を含む線形波動方程式 (3.4) を三次元空間へ拡張したものになっている．(3.72) のタイプの方程式は，通信工学で電信方程式と呼ばれている．

第4章
量子力学の数理

これまで複素数を電気回路やMaxwell方程式に応用してきた．数学的には線形方程式の強制振動解をEulerの公式の線形性を利用して解いた．とくに，導体中のMaxwell方程式の単色平面電磁波解における波数ベクトルが虚数部分をもつことが，導体中の電磁波の伝搬を減衰させるという解釈を導いた．しかし，実電磁場を表す量はやはり実数であると考えた．

エレクトロニクスの主役は，通信に利用される電磁波とともに，導体中の電荷の担い手たる電子である．電子は粒子的性質と同時に波動的性質もあわせもち，その波動的性質を強調するときは電子を電子波とよぶ．このような電子の力学は波動力学とか量子力学とか呼ばれる．もちろん，電磁波も粒子性をもち，それを強調するときは光子と呼ぶ．ここでは電子の波動力学的扱いを通して，電子波を表現する際の複素数は本質的であることをみよう．

電磁波はMaxwell方程式 (3.19) によって記述されるように，電子波は（非相対論的な場合は）Schrödinger方程式によって記述される．

$$i\hbar \frac{\partial}{\partial t}\Psi(\vec{r}, t) = -\frac{\hbar^2}{2m}\nabla^2 \Psi(\vec{r}, t) + U(\vec{r}, t)\Psi(\vec{r}, t) \tag{4.1}$$

電子波を表す未知関数 $\Psi(\vec{r}, t)$ を電子の波動関数とよび，その絶対値の2乗が電子の存在確率に比例するという解釈をとる．波動関数はまた確率振幅ともいう．Schrödinger方程式は線形偏微分波動方程式であり，電気回路やMaxwell方程式のときと同様複素振幅の方法が使える．

今，ポテンシャル $U(\vec{r}, t)$ は x だけの関数で，

$$U(x) = \begin{cases} 0 & (x < 0) \\ U & (x > 0) \end{cases} \tag{4.2}$$

であるとし，U は正の定数とする．

まず最初に，電子波が境界面 $x = 0$ に到達するずっと以前のことを考えよう．そこでは，電子波はエネルギーと運動量が確定した値をもち，波動関数を次の形に仮定する：

$$\Psi(\vec{r}, t) = e^{i\{(\vec{p}/\hbar)\cdot\vec{r} - (E/\hbar)t\}} \tag{4.3}$$

(4.1) において，微分演算子は $\partial/\partial t = -iE/\hbar$，$\vec{\nabla} = i\vec{p}/\hbar$ と置き換えることができ，次の代数方程式に等価になる：

$$i\hbar(-iE/\hbar) = -\frac{\hbar^2}{2m}(i\vec{p}/\hbar)^2, \ E = \frac{\vec{p}^{\,2}}{2m} \tag{4.4}$$

これは Newton 力学における電子のエネルギー E と運動量 $\vec{p}$ の関係式である．$E, \vec{p}$ を，電子波の角振動数 ω と波数ベクトル $\vec{k}$ に結びつける Einstein-de Broglie の関係式

$$E = \hbar\omega, \vec{p} = \hbar\vec{k} \tag{4.5}$$

によって書き換えると，電子波の分散公式：

$$\hbar\omega = \frac{\hbar^2 \vec{k}^{\,2}}{2m}, \ \omega = \frac{\hbar \vec{k}^{\,2}}{2m} \tag{4.6}$$

が得られる．電子波の速度は，群速度

$$\vec{v} = \frac{\partial \omega}{\partial \vec{k}} = \frac{\hbar \vec{k}}{m} = \frac{\vec{p}}{m} \tag{4.7}$$

で与えられ，これも Newton 力学における電子の速度と運動量の関係式になっている．

次に，入射電子波が境界面 $x = 0$ で反射と屈折を起こし，十分時間がたった後の状態を考えることにしよう．今度は，$x < 0$ では入射電子波と反射電

子波の重ね合わせの状態，$x > 0$ では屈折波が生じている状態を考えることになる．その重要なポイントは，$x = 0$ の前後での電子の振る舞いである．Newton 力学流にいうと，ここでは $U(x)$ が x 方向に変化しており，電子にこの向きの力が働くのである．

Section 4.1
対称性と保存則

電子の波動方程式 (4.1) を $U(\vec{r},t) = U(x)$ として解く前に，現代物理学の最も基本的な考え方である物理系のもつ対称性と物理量の保存則について述べておこう．Newton 力学でも，系に働く外力が時間に陽に依存しなければ力学的エネルギーが保存すること，系に外力が働かなければ運動量が保存することを学ぶ．現代物理学では，この保存則を物理系のもつ対称性から導き，その対称性は理論を決める原理と考える．

例えば，今考えている物理系を決めているのはなんだろうか．それは明らかにポテンシャル $U(x)$ である．これは，時間 t，空間座標 y,z に陽に依存しない．このことを物理系は時間並進対称性をもち，y,z 軸方向に空間並進対称性をもつという．並進対称性というのは，時間軸や y,z 軸上を軸平行にずれても何ら物理系の様子は不変ということである．対称性と保存則の一般論から，時間並進対称性からエネルギーが，空間並進対称性からその方向の運動量成分が保存することが知られている．今の場合は，運動量の y,z 成分が保存することを Newoton 力学の範囲で直接証明してみよう．

U が t,y,z を陽に含まない，つまり，U が空間座標 x だけの関数であることから，運動量の表式と運動方程式は次のようになる．

$$\vec{p} = m\vec{v},\ m\frac{d\vec{v}}{dt} = -\frac{\partial U(\vec{r},t)}{\partial \vec{r}} \iff \frac{d\vec{p}}{dt} = -\frac{\partial U(\vec{r},t)}{\partial \vec{r}} \tag{4.8}$$

成分で書くと次のようになる．

$$\frac{dp_x}{dt} = -\frac{dU(x)}{dx}, \frac{dp_y}{dt} = \frac{dp_z}{dt} = 0 \tag{4.9}$$

よって，$\vec{p}$ の y,z 方向の成分は保存する．なお，エネルギーが保存することは，ポテンシャルが $U(\vec{r})$ のように時間 t を陽に含まないことから一般的に証明することができる．

さて，系の対称性からある量が保存することが，Newton 力学では明らかになった．今の例では，エネルギーと y,z 方向の運動量である．量子力学ではこの事情はどのようになるであろうか．

量子力学でのエネルギーや運動量といった物理量は，物理系の状態を表す波動関数 $\Psi(\vec{r},t)$ に作用する演算子 $\hat{A}$ として表現される．$\hat{A}$ に対応する物理量値 a として確実に観測されるのは，波動関数が $\hat{A}$ の固有関数 ψ であるときと考える：

$$\hat{A}\psi = a\psi \tag{4.10}$$

一般の物理系の状態を表す波動関数は Schrödinger 方程式

$$i\hbar\frac{\partial}{\partial t}\Psi(\vec{r},t) = \hat{H}\Psi(\vec{r},t) \tag{4.11}$$

に従って発展してゆく．ここに，$\hat{H}$ は系のエネルギーを表す演算子で Hamiltonian とよばれる．今の例では，(4.1) における $\hat{H}$ は，

$$\hat{H} = -\frac{\hbar^2}{2m}\left(\frac{\partial^2}{\partial x^2} + \frac{\partial^2}{\partial y^2} + \frac{\partial^2}{\partial z^2}\right) + U(x) \times \tag{4.12}$$

となっている．これは，Newton 力学における力学的エネルギー $E = \vec{p}^2/2m + U(x)$ において，運動量 $\vec{p}$ を空間微分演算子 $-i\hbar\vec{\nabla}$ に置き換えたものになっている．さらに，Schrödinger 方程式 (4.11) から，$\hat{H}$ は時間微分演算子 $i\hbar\partial/\partial t$ であることもわかる．

さて，系の Hamiltonian $\hat{H}$ は時間に陽に依存しないとしよう．このとき，固有値問題 $\hat{H}\Psi = E\Psi$ における固有値 E は時間に依存しない定数と考える

4.1 対称性と保存則

ことができ，これと (4.11) を組み合わせると，

$$i\hbar \frac{\partial \Psi}{\partial t} = \hat{H}\Psi = E\Psi \therefore \Psi(\vec{r}, t) = \Psi(\vec{r}, 0) e^{-\frac{i}{\hbar}Et} \tag{4.13}$$

となる．これは，エネルギーが確定値 E をとる系の時間依存性は，角振動数 $\omega \equiv E/\hbar$ の正弦振動であることを意味している．一方，運動量の y, z 成分がそれぞれ確定値 $\hbar k_y, \hbar k_z$ をとる場合の波動関数の空間依存因子は $e^{ik_y y} e^{ik_z z}$ で表せる．なぜなら，固有値方程式 $-i\hbar \partial e^{ik_y y}/\partial y = \hbar k_y e^{ik_y y}, -i\hbar \partial e^{ik_z z}/\partial z = \hbar k_z e^{ik_z z}$ が成り立つからだ．$\hat{H} = (\hat{p}_x^2 + \hat{p}_y^2 + \hat{p}_z^2)/2m + U(x)$ と運動量演算子 $\hat{p}_y, \hat{p}_z$ の同時固有関数を，それぞれの固有関数の積として次のように採ることができる：

$$\Psi(\vec{r}, t) = \psi(x) e^{-i\omega t} \times e^{ik_y y} \times e^{ik_z z} = \psi(x) e^{i(k_y y + k_z z - \omega t)} \tag{4.14}$$

これはエネルギーと運動量の y, z 成分がそれぞれ確定値 $\hbar\omega, \hbar k_y, \hbar k_z$ をとる物理系の状態を表す波動関数である．このとき，$\hat{H} = (\hat{p}_x^2 + \hat{p}_y^2 + \hat{p}_z^2)/2m + U(x) = (-\hbar^2/2m)\nabla^2 + U(x)$ と $\hat{p}_y = -i\hbar\partial/\partial y, \hat{p}_z = -i\hbar\partial/\partial z$ について次の関係式が成り立つ：

$$\begin{aligned}[\hat{p}_y, \hat{H}] = \hat{p}_y \hat{H} - \hat{H} \hat{p}_y = 0 \\ [\hat{p}_z, \hat{H}] = \hat{p}_z \hat{H} - \hat{H} \hat{p}_z = 0\end{aligned} \tag{4.15}$$

一般に 2 つの演算子 $\hat{A}, \hat{B}$ について $[\hat{A}, \hat{B}] = \hat{A}\hat{B} - \hat{B}\hat{A}$ を交換子といい，これが 0 になるとき $\hat{A}, \hat{B}$ は交換可能または可換であるという．$[\hat{p}_y, \hat{H}] = [\hat{p}_z, \hat{H}] = 0$ が成り立つ理由は，波動関数が空間座標について必要な回数まで連続微分可能であれば，偏微分の順序を自由に入れ替えてよいこと，$U(x)$ は y, z にを含まないから y, z による微分演算について定数のように振舞うことから言える．このように，エネルギーが保存する系において，エネルギーを表す演算子と交換可能な運動量の y, z 成分はやはり保存し，エネルギーの固有関数が運動量の y, z 成分を表す演算子の固有関数になっている状態が存在するのである．

今の例では，量子力学においては系の対称性から導かれる保存量は，時間に陽に依存しない Hamiltonian と可換な演算子で表される物理量であり，

それらが確定値をとる状態が存在する．これらのことは一般的に成り立つのだろうか．このことについて，量子力学では次のことが知られている．

> 以下，物理量を表す演算子は時間を陽に含まないとする．
>
> ある物理量を表す演算子 $\hat{A}$ の Heisenberg 表示を，系の Hamiltonian $\hat{H}$ を使って，$\hat{A}(t) = e^{i\hat{H}t/\hbar}\hat{A}e^{-i\hat{H}t/\hbar}$ で定義する．この時間発展は，Heisenberg の運動方程式
>
> $$i\hbar\frac{d}{dt}\hat{A}(t) = e^{i\hat{H}t/\hbar}[\hat{A},\hat{H}]e^{-i\hat{H}t/\hbar} = [\hat{A}(t),\hat{H}] \qquad (4.16)$$
>
> によって記述される．もし，$\hat{A}$ が $\hat{H}$ と可換なら，$\hat{A}(t) = \hat{A}$ は時間によらない保存量を表す．

例えば，Hamiltonian は $\hat{H}$ が空間並進対称変換に対して不変であるとしよう．真空中の自由電子系に対してはそうなっているはずである．このとき，系に $\delta\vec{a}$ の空間並進変換を施したとき，ψ を任意の波動関数として $\hat{H}\psi$ がどのように変換されるか見てみよう．まず $\delta(\hat{H}\psi) = \delta\vec{a}\cdot\vec{\nabla}(\hat{H}\psi)$ となる．一方，$\hat{H}$ が空間並進対称性をもつから $\delta(\hat{H}\psi) = \hat{H}\delta\psi = \hat{H}\delta\vec{a}\cdot\vec{\nabla}\psi$ と変換されるから，$\delta\vec{a}\cdot\vec{\nabla}(\hat{H}\psi) = \hat{H}\delta\vec{a}\cdot\vec{\nabla}\psi$ が成り立つ．これは任意の微小変位 $\delta\vec{a}$，任意の波動関数 ψ について成り立つから，$\vec{\nabla}\hat{H} = \hat{H}\vec{\nabla}$，これを $\vec{\nabla} = -i\hbar\vec{p}$ を使って書き直すと，

$$[\hat{\vec{p}},\hat{H}] = \hat{\vec{p}}\hat{H} - \hat{H}\hat{\vec{p}} = 0 \qquad (4.17)$$

となる．すると Heisenberg の運動方程式より $\hat{\vec{p}}(t)$ は時間によらない．

もちろん，このことは $\hat{H} = \hat{\vec{p}}^2/2m$ であることを知っていれば，ただちに $[\vec{p},\hat{H}] = 0$ であることが分かる．

また，Heisenberg の運動方程式は $[\hat{\vec{p}},\hat{H}] = 0$ のような時ばかりを扱うわけではない．例えば，$\hat{H} = \hat{H}_0 + U(\vec{r})$ のときを考えよう．$\hat{H}_0 = \hat{\vec{p}}^2/2m$ は空間並進対称性をもつが $U(\vec{r})$ はそうではない．このことがどう影響するだろうか．$\hat{H}\psi$ に無限小の空間並進変換 $\delta\vec{a}$ を行うと，前と同様に $\delta(\hat{H}\psi) = \delta\vec{a}\cdot\vec{\nabla}(\hat{H}\psi) = \delta\vec{a}\cdot(i/\hbar)\hat{\vec{p}}\hat{H}\psi$ となる．一方，$\delta\hat{H} = \delta\hat{H}_0 + \delta\vec{a}\cdot\vec{\nabla}U(\vec{r}) = \delta\vec{a}\cdot\vec{\nabla}U(\vec{r})$

であるから

$$\delta(\hat{H}\psi) = (\delta\hat{H})\psi + \hat{H}\delta\psi = \delta\vec{a}\cdot\vec{\nabla}U(\vec{r})\psi + \hat{H}\delta\vec{a}\cdot\vec{\nabla}\psi$$
$$= \delta\vec{a}\cdot\left\{\vec{\nabla}U(\vec{r}) + \frac{i}{\hbar}\hat{H}\hat{\vec{p}}\right\}\psi \tag{4.18}$$

したがって,

$$\delta\vec{a}\cdot\frac{i}{\hbar}\hat{\vec{p}}\hat{H}\psi = \delta\vec{a}\cdot\left\{\vec{\nabla}U(\vec{r}) + \frac{i}{\hbar}\hat{H}\hat{\vec{p}}\right\}\psi \tag{4.19}$$

$\delta\vec{a}, \psi$ は任意だから,

$$\frac{i}{\hbar}\hat{\vec{p}}\hat{H} = \vec{\nabla}U(\vec{r}) + \frac{i}{\hbar}\hat{H}\hat{\vec{p}}, \ [\hat{\vec{p}}, \hat{H}] = -i\hbar\vec{\nabla}U(\vec{r}) \tag{4.20}$$

このとき,運動量 $\vec{p}$ の Heisenberg の運動方程式は,

$$\frac{d}{dt}\hat{\vec{p}}(t) = e^{\frac{i}{\hbar}\hat{H}t}\{-\vec{\nabla}U(\vec{r})\}e^{-\frac{i}{\hbar}\hat{H}t} \tag{4.21}$$

となる.これは Newton 力学での運動方程式 $d\vec{p}/dt = -\vec{\nabla}U(\vec{r})$ と形が似ている.量子力学では物理量そのものではなくて,物理量を表す演算子が Newton 力学と同じ形の運動方程式をみたす.

量子力学では次のことも成り立つ.

2 つの演算子 $\hat{A}, \hat{B}$ が可換ならば,2 つの演算子の同時固有関数が存在する.逆に,$\hat{A}, \hat{B}$ の同時固有関数が存在しそれらが完全系をなすなら,$\hat{A}, \hat{B}$ は交換可能である.

これらのことから,エネルギー保存系で,$\hat{H}$ と可換な演算子の表す物理量も保存量として確定値をとる固有状態が存在することがわかる.逆に,交換可能でない 2 つの演算子の同時固有関数は存在しない.例えば,位置演算子 $\hat{x} = x\times$ と運動量演算子 $\hat{p}_x = -i\hbar\partial/\partial x$ の交換子を計算すると,

$$[\hat{x}, \hat{p}_x] = -i\hbar x\frac{\partial}{\partial x} + i\hbar\frac{\partial}{\partial x}x = i\hbar \neq 0 \tag{4.22}$$

であるので,これらの同時固有関数は存在しない.つまり,位置と運動量が同時に確定値をとることはない.これが Heisenberg の不確定性原理の数学的な表現である.

4.1.1 電子波の反射と屈折

さて，具体的な物理系において，対称性と保存則や固有関数についての一般的な議論を踏まえながら電子波の反射と屈折現象を理論的に解析してみよう．よりどころとなる一般的事項をまとめると次のようになる．

- エネルギー保存側と運動量保存側は，それぞれ時間並進対称性と空間並進対称性から導かれる．

- 系の状態関数がある物理量演算子の固有関数になっている場合，その物理量は確定値をとる．また，2 つの可換な物理量演算子 $\hat{A}, \hat{B}$ の同時固有関数が存在する．

物理系は境界面 $x = 0$ においてステップ状の変化をするポテンシャル $U(x)$ で特徴づけられる．そこへ，運動エネルギー $E > 0$ をもつ電子波が入射角 θ ($0 < \theta < \pi/2$) で入射する．ポテンシャル $U(x) = U\theta(x)$ は x だけの関数であることから，エネルギーと y, z 方向の運動量が保存することがわかる．ここに $U > 0$ は正の定数で，$\theta(x)$ は Heaviside 関数

$$\theta(x) = \begin{cases} 1 & (x > 0) \\ 0 & (x < 0) \end{cases} \tag{4.23}$$

である．よって，Hamiltonian $\hat{H} = -\hbar^2 \nabla^2/(2m) + U(x)$ は時間を陽に含まず，運動量演算子の y, z 成分 $-i\hbar\partial/\partial y, -i\hbar\partial/\partial z$ と交換するから，エネルギーは常に入射波の運動エネルギー $E = \hbar\omega$ で，運動量 $\vec{p}$ の y, z 成分は入射電子波のそれ $p_y = \hbar k_y, p_z = 0$ に常に等しい．したがって，全時間全空間における電子波の波動関数は，$\hat{H} = i\hbar\partial/\partial t$ の固有値 $\hbar\omega$ に属する固有関数 $e^{-i\omega t}$，$\hat{p}_y = -i\hbar\partial/\partial y$ の固有値 $\hbar k_y$ に属する固有関数 $e^{ik_y y}$，$\hat{p}_z = -i\hbar\partial/\partial z$ の固有値 $\hbar k_z$ に属する固有関数 $e^{ik_z z}$ の積を因子とする

$$\Psi(\vec{r}, t) = \psi(x) e^{i(k_y y + k_z z - \omega t)} \tag{4.24}$$

の形に仮定することができる．さらに，入射波が $x = 0$ の境界面に入射角 $\theta\,(0 < \theta < \pi/2)$ で入射するから，入射波の波数ベクトルは

$$\vec{k} = (k\cos\theta, k\sin\theta, 0) \tag{4.25}$$

とかけるので，

$$\Psi(\vec{r}, t) = \psi(x)e^{i(ky\sin\theta - \omega t)} \tag{4.26}$$

と書くことができる．ここに $\psi(x)$ は x だけの関数で，x 軸方向の系の非対称性から決まる未知関数である．これを (4.1) に代入すると，すでに t, y, z 依存性は指数因子 $e^{i(ky\sin\theta - \omega t)}$ で決まっているから，これらの座標に関する微分演算は，

$$\begin{aligned}&\frac{\partial}{\partial t} = -i\omega \\ &\frac{\partial}{\partial y} = ik\sin\theta, \frac{\partial}{\partial z} = 0 \;\therefore\; \nabla^2 = \frac{\partial^2}{\partial x^2} - k^2\sin^2\theta\end{aligned} \tag{4.27}$$

となる．よって，(4.1) は

$$\begin{aligned}&\hbar\omega\psi(x)e^{i(ky\sin\theta-\omega t)} = \\ &- \frac{\hbar^2}{2m}\left(\frac{\partial^2}{\partial x^2} - k^2\sin^2\theta\right)\psi(x)e^{i(ky\sin\theta-\omega t)} + U(x)\psi(x)e^{i(ky\sin\theta-\omega t)}\end{aligned} \tag{4.28}$$

因子 $e^{i(ky\sin\theta - \omega t)}$ を落として整理すると

$$\begin{aligned}&\hbar\omega\psi(x) = -\frac{\hbar^2}{2m}\frac{d^2\psi(x)}{dx^2} + \frac{\hbar^2 k^2\sin^2\theta}{2m}\psi(x) + U(x)\psi(x) \\ &\frac{d^2\psi}{dx^2} + \left\{\frac{2m}{\hbar^2}(\hbar\omega - U(x)) - k^2\sin^2\theta\right\}\psi = 0\end{aligned} \tag{4.29}$$

さらに，(4.6) により，$(2m/\hbar^2)\hbar\omega = (2m/\hbar^2)(\hbar^2 k^2/2m) = k^2$ であるから，

$$\frac{d^2\psi}{dx^2} + \left\{k^2\cos^2\theta - \frac{2mU(x)}{\hbar^2}\right\}\psi = 0 \tag{4.30}$$

となる．最初は時間座標と空間座標の 2 階偏微分方程式であったのが，系の対称性に注目して保存量を見出し，空間座標 x だけの 2 階常微分方程式になった．数学的にはこの作業は偏微分方程式の解を変数分離したことに相当する．

まず，$x<0$ で方程式 (4.30) は，

$$\frac{d^2\psi}{dx^2} + k^2 \cos^2\theta \, \psi = 0 \tag{4.31}$$

となる．この解は C, C_1 を定数として，

$$\psi(x) = Ce^{ikx\cos\theta} + C_1 e^{-ikx\cos\theta} \tag{4.32}$$

とかける．第1項が入射波，第2項が反射波を表す．入射波の速度 $\vec{v} = \partial\omega/\partial\vec{k}$ を計算しておこう．$\hbar\omega = E = \hbar\vec{k}^2/2m$ より，

$$\vec{v} = \frac{\partial}{\partial\vec{k}}\left(\frac{\hbar\vec{k}^2}{2m}\right) = \frac{\hbar\vec{k}}{m} \tag{4.33}$$

次に，$x>0$ で方程式 (4.30) は，

$$\frac{d^2\psi}{dx^2} + k^2 \cos^2\theta \left(1 - \frac{U}{E\cos^2\theta}\right)\psi = 0 \tag{4.34}$$

となる．ここで $E = \hbar^2 k^2/2m$ である．この解は C_2, C_2' を定数として，

$$\psi(x) = C_2 e^{ik_{2x}x} + C_2' e^{-ik_{2x}x} \quad \left(k_{2x} = k\cos\theta\sqrt{1 - \frac{U}{E\cos^2\theta}}\right) \tag{4.35}$$

とかける．第1項が屈折波を表す．

積分定数 C, C_1, C_2, C_2' は $x=0$ における境界条件から決まる．まず，入射波の振幅を基準にして $C=1$ とする．また，$x>0$ では x 軸方向に進む屈折波を考えるのが自然である．そのとき，k_{2x} が実数になる場合も純虚数になる場合も実数部分，虚数部分は負でないものをとるとすると $C_2'=0$．

$$\psi(x) = \begin{cases} e^{ikx\cos\theta} + C_1 e^{-ikx\cos\theta} & (x<0) \\ C_2 e^{ik_{2x}x} & (x>0) \end{cases} \tag{4.36}$$

および，

$$\frac{d\psi(x)}{dx} = \begin{cases} ik\cos\theta(e^{ikx\cos\theta} - C_1 e^{-ikx\cos\theta}) & (x<0) \\ ik_{2x}C_2 e^{ik_{2x}x} & (x>0) \end{cases} \tag{4.37}$$

となる. (4.30) において, 2 次導関数 $d^2\psi(x)/dx^2$ は $U(x)$ の $x = 0$ で 0 から U へ階段状の不連続性を受け継ぐ. よって $d^2\psi(x)/dx^2$ もそのような不連続性を示すが, $\psi(x)$ とその 1 次導関数 $d\psi(x)/dx$ は $x = 0$ でも連続である. したがって,

$$\begin{cases} \psi(-0) = 1 + C_1 \\ \psi(+0) = C_2 \end{cases} \begin{cases} d\psi(-0)/dx = ik\cos\theta(1 - C_1) \\ d\psi(+0)/dx = ik_{2x}C_2 \end{cases} \tag{4.38}$$

より,

$$1 + C_1 = C_2,\ ik\cos\theta(1 - C_1) = ik_{2x}C_2 \tag{4.39}$$

となる. ここで,

$$\eta \equiv \frac{k_{2x}}{k\cos\theta} = \sqrt{1 - \frac{U}{E\cos^2\theta}} \tag{4.40}$$

とおくと, $U > 0, E > 0$ であるからこれは 0 以上 1 未満の実数または純虚数になる. $1 + C_1 = C_2, 1 - C_1 = \eta C_2$ となるから,

$$C_1 = \frac{1-\eta}{1+\eta}, C_2 = \frac{2\eta}{1+\eta} \tag{4.41}$$

となる. 波動関数 $\Psi(\vec{r}, t) = \psi(x)e^{iky\sin\theta}e^{-\frac{i}{\hbar}Et}$ は,

$$\Psi(\vec{r}, t) = \begin{cases} \left(e^{i\vec{k}\cdot\vec{r}} + \frac{1-\eta}{1+\eta}e^{i\vec{k}_1\cdot\vec{r}}\right)e^{-\frac{i}{\hbar}Et} & (x < 0) \\ \frac{2\eta}{1+\eta}e^{i\vec{k}_2\cdot\vec{r}}e^{-\frac{i}{\hbar}Et} & (x > 0) \end{cases} \tag{4.42}$$

ここに, $\vec{k}$ は入射波の波数ベクトル (4.25) で, $\vec{k}_1, \vec{k}_2$ はそれぞれ反射波, 屈折波の波数ベクトルで, 次のようになる:

$$\vec{k}_1 = (-k\cos\theta, k\sin\theta, 0), \vec{k}_2 = (\eta k\cos\theta, k\sin\theta, 0)$$
$$\left(k = \frac{\sqrt{2mE}}{\hbar}, \eta = \sqrt{1 - \frac{U}{E\cos^2\theta}}\right) \tag{4.43}$$

入射波 $e^{i(\vec{k}\cdot\vec{r}-Et/\hbar)}$ と反射波 $\frac{1-\eta}{1+\eta}e^{i(\vec{k}_1\cdot\vec{r}-Et/\hbar)}$ はともに平面波で, 波数ベクトル $\vec{k}, \vec{k}_1$ の違いはその x 成分の符号が反対であるから, 反射角 θ_1 は入射角 θ に等しい. これは光 (電磁波) の反射の法則と同じである.

反射波と屈折波の振幅や屈折角は η が実数になるか純虚数になるかで様相が異なる．(4.40) の表式からも分かるように，それは入射エネルギー E と入射角 θ によって決まる．

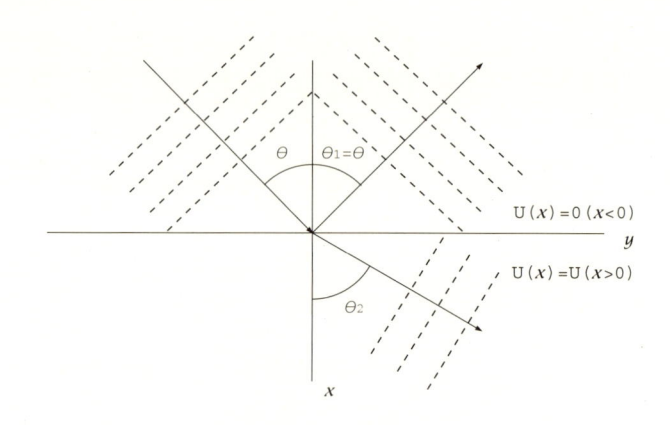

$E \cos^2 \theta \geqq U$ のとき

η は実数であるから，屈折波の波数ベクトル

$$\vec{k}_2 = (\eta k \cos \theta, k \sin \theta, 0) \tag{4.44}$$

は実ベクトルであるから，屈折角 θ_2 を次のように定義できる：

$$k_2 \cos \theta_2 = \eta k \cos \theta, \quad k_2 \sin \theta_2 = k \sin \theta \tag{4.45}$$

第 2 式は両辺に $\hbar$ をかければ分かるように運動量の y 成分の保存法則を表し，これが電子波の屈折の法則である．屈折波の波数ベクトル $\vec{k}_2$ の大きさは，

$$\begin{aligned} k_2 &= \sqrt{\eta^2 k^2 \cos^2 \theta + k^2 \sin^2 \theta} = k\sqrt{1 - \frac{U}{E}} \\ &= \frac{\sqrt{2mE}}{\hbar}\sqrt{1 - \frac{U}{E}} = \frac{\sqrt{2m}}{\hbar}\sqrt{E - U} \end{aligned} \tag{4.46}$$

であるから，$E = \hbar \omega$ を使って，屈折波の分散公式

$$\omega = \frac{\hbar k_2^2}{2m} + \frac{U}{\hbar} \tag{4.47}$$

を得る．屈折波の速度は，

$$\vec{v}_2 = \frac{\partial \omega}{\partial \vec{k}_2} = \frac{\hbar \vec{k}_2}{m} \tag{4.48}$$

となる．屈折率 n は，

$$n \equiv \frac{\sin\theta}{\sin\theta_2} = \frac{k_2}{k} = \frac{v_2}{v} = \sqrt{1 - \frac{U}{E}} \tag{4.49}$$

で与えられる．入射角を $0 < \theta < \pi/2$ にとる限り，$E > E\cos^2\theta \geqq U$ となるので必ず $0 < n < 1$ となる．

この結論は光（電磁波）の場合と対照的である．光の屈折率 $n = \sin\theta_2/\sin\theta$ はよく知られているように

$$n = \frac{c}{c_2} \tag{4.50}$$

で与えられる．ここに c は真空中の光速，c_2 は媒質中の光速である．屈折率を速さの比で表すと，電子波と光波では分母と分子が反対になっている．公式を正確に記憶している優秀な大学受験生だった大学新入生ほどこのことに違和感を感じるのではないだろうか．

実は，光波の屈折の法則も対称性と保存則という立場で見直してみることができる．(4.49) の本質は波数ベクトルによる表現 $n = k_2/k$ である．これは y 軸方向の運動量保存則である．光波も運動量をもつ．光の粒子的な側面を強調するとき，光を光子とよぶ．光子は質量 $m = 0$ の粒子と考えられているので，特殊相対論的なエネルギー E と運動量 $\vec{p}$ の関係式 $E^2 = m^2 c^4 + c^2 p^2$ において $m = 0$ とすれば，$E = cp$ を得る．これに $E = \hbar\omega, p = \hbar k$ を代入すると $\omega = ck$ を得る．これは光子の波動方程式たる Maxwell 方程式からも得られる光波（電磁波）の分散公式である．媒質中でもこれは成り立ち，$\omega = c_2 k_2$ とかける．これらを使って運動量保存則としての屈折の法則に代入すると，$n = k_2/k = (\omega/c_2)/(\omega/c) = c/c_2$ を得る．

このように，得られた屈折の法則の違いは，速度と運動量＝$\hbar\times$波数ベクトルの関係の違いになっている．電子波の場合は $v = \hbar k/m$，光波の場合は $c = \omega/k$ という具合に，それぞれ波数に比例，反比例しているからこうなっ

ているのである．さらに，速度 $\vec{v} = \partial\omega/\partial\vec{k}$ は角振動数と波数ベクトルの関係，すなわちエネルギーと運動量の関係から得られるので，屈折率の公式の違いは，結局はエネルギーと運動量の関係を規定する運動方程式や波動方程式の違いにまで遡る．それらは，電子波は Schrödinger 方程式，光波は Maxwell 方程式になる．先の大学新入生が当惑するのも無理はない．このような根本法則を理解しなければ，屈折率の公式の違いの根本も正確には理解できないのである．

最後に，屈折波と反射波の振幅を入射角と屈折角で表現してみよう．(4.45) より，

$$\eta = \frac{k_2 \cos\theta_2}{k \cos\theta} = \frac{k_2}{k}\frac{\cos\theta_2}{\cos\theta} = \frac{\sin\theta\cos\theta_2}{\sin\theta_2\cos\theta} = \frac{\cos\theta_2\sin\theta}{\sin\theta_2\cos\theta} \qquad (4.51)$$

であるから，まず反射波について

$$C_1 = \frac{1-\eta}{1+\eta} = \frac{1 - \dfrac{\cos\theta_2\sin\theta}{\sin\theta_2\cos\theta}}{1 + \dfrac{\cos\theta_2\sin\theta}{\sin\theta_2\cos\theta}} = \frac{\sin\theta_2\cos\theta - \cos\theta_2\sin\theta}{\sin\theta_2\cos\theta + \cos\theta_2\sin\theta} \qquad (4.52)$$

$$= \frac{\sin(\theta_2 - \theta)}{\sin(\theta_2 + \theta)}$$

次に屈折波について

$$C_2 = \frac{2\eta}{1+\eta} = \frac{\dfrac{\cos\theta_2\sin\theta}{\sin\theta_2\cos\theta}}{1 + \dfrac{\cos\theta_2\sin\theta}{\sin\theta_2\cos\theta}} = \frac{2\cos\theta_2\sin\theta}{\sin\theta_2\cos\theta + \cos\theta_2\sin\theta} \qquad (4.53)$$

$$= \frac{2\sin\theta_2\cos\theta}{\sin(\theta_2 + \theta)}$$

となる．電磁波でもこれと同様の公式が得られていて，そこでは Fresnel の公式と呼ばれている．

$E\cos^2\theta < U$ のとき

η は純虚数である：

$$\eta = \sqrt{1 - \frac{U}{E\cos^2\theta}} = i\nu, \nu \equiv \sqrt{\frac{U}{E\cos^2\theta} - 1} > 0 \qquad (4.54)$$

とおくと,

$$C_1 = \frac{1-iv}{1+iv} = e^{-2i\arctan v}, C_2 = \frac{2}{1+iv} = \frac{2e^{-i\arctan v}}{\sqrt{1+v^2}} \quad (4.55)$$

となる. $1/\sqrt{1+v^2} = 1/\sqrt{U/(E\cos^2\theta)} = \sqrt{E/U}\cos\theta$ であるから,

$$\psi(x) = \begin{cases} e^{ikx\cos\theta} + e^{-i(kx\cos\theta+2\arctan v)} & (x<0) \\ 2\sqrt{E/U}\cos\theta e^{-i\arctan v}e^{-vkx\cos\theta} & (x>0) \end{cases} \quad (4.56)$$

$x<0$ では,入射波と強度が同じで位相がずれた反射波が存在し,$x>0$ では強度が指数関数的に減衰するから,全反射が起こっていることを意味する.量子力学では電子の波動性のため十分小さい $x>0$ については確率振幅は0ではない.もし,ポテンシャル $U(x)$ が,正の定数 a として,

$$U(x) = \begin{cases} 0 & (x<0, a<x) \\ U & (0<x<a) \end{cases} \quad (4.57)$$

となるような a の幅をもつ壁でも,電子波の振幅は指数関数的に減衰するとは言え,$x>a$ でも0でない値をもち,電子はこのポテンシャルの壁を通りぬけることが可能である.電子が Newton 力学に従うなら,全反射する場合は a がどんなに小さくてもポテンシャルの壁を通りぬけることはない.電子の波動性に基づくポテンシャル障壁の透過をトンネル効果という.この現象を利用した電子素子の例が有名な Esaki diode(tunnel diode) である.

ところで,電子波が全反射されるかどうかは $E\cos^2\theta$ と U の大小関係で決まる.この意味を考えてみよう.入射波の波数ベクトル $\vec{k} = (k\cos\theta, k\sin\theta, 0)$ の x 成分は $k_x = k\cos\theta$ であるから,

$$E\cos^2\theta = \frac{\hbar^2 k^2 \cos^2\theta}{2m} = \frac{\hbar^2 k_x^2}{2m} \quad (4.58)$$

つまり,入射エネルギーの x 成分(境界面に垂直な方向)がポテンシャルの高さ U 未満であれば全反射が起こる.

4.1.2　確率流密度でみる

Schrödinger 方程式 (4.1) の波動関数 Ψ が電子の粒子性をも説明するために，$|\Psi|^2$ が粒子としての電子の存在確率に比例するという確率解釈を行うことをすでに述べた．$|\Psi|^2$ は確率密度に比例しているので，波動関数を確率振幅とよぶこともある．確率の密度量があるなら確率の流れ密度も存在するはずで，そのときの流れ密度 $\vec{j}$ は密度 $|\Psi|^2$ とともに連続の方程式を満たす：

$$\frac{\partial |\Psi|^2}{\partial t} + \vec{\nabla} \cdot \vec{j} = 0 \tag{4.59}$$

このような確率流密度は，Schrödinger 方程式と調和するようにして

$$\begin{aligned}\vec{j}(\vec{r},t) &= \frac{\hbar}{2mi}\{\Psi(\vec{r},t)^*\vec{\nabla}\Psi(\vec{r},t) - \Psi(\vec{r},t)\vec{\nabla}\Psi(\vec{r},t)^*\} \\ &= \frac{\hbar}{m}\mathrm{Im}\left(\Psi(\vec{r},t)^*\vec{\nabla}\Psi(\vec{r},t)\right)\end{aligned} \tag{4.60}$$

と定義される．Im() は () 内の虚部を表す．また，Ψ^* は Ψ の共役な複素数を表す．

電子波の反射と屈折をこの確率流密度からみてみよう．

まず，前項までの結果をまとめておこう．ポテンシャル $U(x) = 0$ の領域 $x < 0$ からポテンシャル $U(x) = U > 0$ の領域 $x > 0$ へ，入射エネルギー $E = \hbar\omega > 0$，入射速度 $\vec{v} = \hbar\vec{k}/m$ ($k = \sqrt{2mE}/\hbar$) の電子波が入射角 θ ($0 < \theta < \pi/2$) で入射するとき，Shrödinger 方程式の確率振幅 $\Psi(\vec{r},t)$ は，

$$\Psi(\vec{r},t) = \psi(x)e^{iky\sin\theta}e^{-i\omega t}$$

$$\psi(x) = \begin{cases} e^{ikx\cos\theta} + C_1 e^{-ikx\cos\theta} & (x < 0) \\ C_2 e^{i\eta kx\cos\theta} & (x > 0) \end{cases} \tag{4.61}$$

であり，ここに反射波の振幅 C_1，屈折波の振幅 C_2 および η は，

$$C_1 = \frac{1-\eta}{1+\eta},\ C_2 = \frac{2}{1+\eta},\ \eta = \sqrt{1 - \frac{U}{E\cos^2\theta}} \tag{4.62}$$

4.1 対称性と保存則

となる．

確率流密度 (4.60) を求めるために，まず $\vec{\nabla}\Psi$ を計算しよう．$\psi = \psi(x)e^{i(ky\sin\theta - \omega t)}$ について，y 依存性は因子 $e^{iky\sin\theta}$ により，z には依存しないから，$\vec{\nabla} = (\partial/\partial x, ik\sin\theta, 0)$ と考えてよい．

$$\vec{\nabla}\Psi = \left(\frac{\partial \Psi}{\partial x}, ik\sin\theta\Psi, 0\right) = \left(\frac{d\psi(x)}{dx}, ik\sin\theta\psi(x), 0\right) e^{i(ky\sin\theta - \omega t)}$$

$$\Psi^* = \psi(x)^* e^{-i(ky\sin\theta - \omega t)}$$

$$\Psi^*\vec{\nabla}\Psi = \psi(x)^* e^{-i(ky\sin\theta - \omega t)}\left(\frac{d\psi(x)}{dx}, ik\sin\theta\psi(x), 0\right)e^{i(ky\sin\theta - \omega t)}$$

$$= \left(\psi(x)^* \frac{d\psi(x)}{dx}, ik\sin\theta|\psi(x)|^2, 0\right) \quad (4.63)$$

$$\vec{j} = \frac{\hbar}{m}\text{Im}(\Psi^*\vec{\nabla}\Psi) = \frac{\hbar}{m}\text{Im}\left(\left(\psi^*\frac{d\psi}{dx}, ik\sin\theta|\psi|^2, 0\right)\right)$$

$$= \left(\frac{\hbar}{m}\text{Im}\left(\psi^*\frac{d\psi}{dx}\right), \frac{\hbar k}{m}\sin\theta|\psi|^2, 0\right)$$

この表式の y 成分

$$j_y = |\psi(x)|^2 v\sin\theta = |\Psi(\vec{r}, t)|^2 v_y \quad (4.64)$$

は，入射波の速度の y 成分に確率密度をかけたものになっている．

次に，$j_x = (\hbar/m)\text{Im}(\psi^* d\psi/dx)$ を求めよう．まず $x < 0$ のとき，$\psi = e^{ikx\cos\theta} + C_1 e^{-ikx\cos\theta}$, $d\psi/dx = ik\cos\theta(e^{ikx\cos\theta} - C_1 e^{-ikx\cos\theta})$ であるから，

$$\psi^*\frac{d\psi}{dx} = (e^{-ikx\cos\theta} + C_1^* e^{ikx\cos\theta})ik\cos\theta(e^{ikx\cos\theta} - C_1 e^{-ikx\cos\theta})$$

$$= ik\cos\theta\{1 - |C_1|^2 - (C_1 e^{-i2kx\cos\theta} - C_1^* e^{i2kx\cos\theta})\}$$

$$= ik\cos\theta\{1 - |C_1|^2 - 2i\text{Im}(C_1 e^{-i2kx\cos\theta})\} \quad (4.65)$$

$$= ik\cos\theta(1 - |C_1|^2) + 2k\cos\theta\,\text{Im}(C_1 e^{-i2kx\cos\theta})$$

$$\therefore j_x = \frac{\hbar k\cos\theta}{m}(1 - |C_1|^2)$$

$$= (1 - |C_1|^2)v\cos\theta = v_x + |C_1|^2(-v_x) \quad (x < 0)$$

j_x は入射波の確率流密度と反射波の確率流密度の x 成分を加えたものになっていて，境界面に流れ込む確率流密度の実質量になっている．

次に $x > 0$ のときを考えよう．$\psi = C_2 e^{i\eta kx\cos\theta}, d\psi/dx = i\eta k\cos\theta e^{i\eta kx\cos\theta}$ であるから，

$$\psi^* \frac{d\psi}{dx} = C_2^* e^{-i\eta kx\cos\theta} i\eta k\cos\theta e^{i\eta kx\cos\theta} = i\eta k\cos\theta |C_2|^2$$

$$j_x = \frac{\hbar k\cos\theta}{m} |C_2|^2 \mathrm{Im}(i\eta) = \mathrm{Im}(i\eta)|C_2|^2 v\cos\theta \qquad (4.66)$$

$$= \mathrm{Im}(i\eta)|C_2|^2 v_x \quad (x > 0)$$

j_x は屈折波の確率流密度を表しているが，η が実数か純虚数かで物理的解釈が異なってくる．

まとめると，

$$j_x = \begin{cases} (1 - |C_1|^2) v\cos\theta & (x < 0) \\ \mathrm{Im}(i\eta)|C_2|^2 v\cos\theta & (x > 0) \end{cases} \qquad (4.67)$$

$$j_y = |\Psi(\vec{r}, t)|^2 v\sin\theta, \; j_z = 0$$

となる．

$E\cos^2\theta \geqq U$ のとき

$\eta = \sqrt{1 - U/(E\cos^2\theta)}$ は実数であるから，

$$\begin{aligned} 1 - |C_1|^2 &= 1 - \frac{(1-\eta)^2}{(1+\eta)^2} = \frac{4\eta}{(1+\eta)^2} \\ \mathrm{Im}(i\eta)|C_2|^2 &= \eta\left(\frac{2}{1+\eta}\right)^2 = \frac{4\eta}{(1+\eta)^2} \end{aligned} \qquad (4.68)$$

となり，j_x は $x = 0$ で連続で，全空間にわたって

$$j_x = \frac{4\eta}{(1+\eta)^2} v\cos\theta \; (\eta = \sqrt{1 - U/E\cos^2\theta}) \qquad (4.69)$$

となる．

$E\cos^2\theta < U$ のとき

4.1 対称性と保存則

$\eta = \sqrt{1 - U/(E\cos^2\theta)} = i\nu$ は純虚数であるから,

$$1 - |C_1|^2 = 1 - \left|\frac{1-i\nu}{1+i\nu}\right|^2 = 1 - 1 = 0 \qquad (4.70)$$
$$\mathrm{Im}(i\eta)|C_2|^2 = \mathrm{Im}(-\nu)|C_2|^2 = 0$$

となり, j_x は $x = 0$ で連続で, 全空間にわたって

$$j_x = 0 \qquad (4.71)$$

となる. つまり, $x < 0$ では入射波がそのまま全反射して入射波と同じ振幅の反射波が生じ, x 方向の確率流密度は互いに打ち消しあって 0 になっていて, $x > 0$ で屈折波の確率流密度の x 成分はない.

Ψ よりも $\vec{j}$ のほうが, 電子の Newton 力学による振る舞いに対応している. 最後に, この問題を Newton 力学で扱ったらどうなるかを見ておこう.

4.1.3 Newton 力学の場合

同じ問題を電子は Newton 力学に従うとして解いてみた場合を示しておこう. この場合も運動量の y, z 成分は保存され, 電子の軌道 $\vec{r}(t) = (x(t), vt\sin\theta, 0)$ ($v = \sqrt{2E/m}$) の x 座標を運動方程式

$$m\frac{dv_x}{dt} = -U\delta(x) \qquad (4.72)$$

から求める. 条件 $v_x(-\infty) = v\cos\theta, x(0) = 0$ を満たす解は,,

$$x(t) = -\sqrt{2E/m}\,|t|\cos\theta \quad (E\cos^2\theta < U)$$
$$x(t) = \begin{cases} \sqrt{2E/m}\,t\cos\theta & (t < 0) \\ \sqrt{2(E\cos^2\theta - U)/m}\,t & (t > 0) \end{cases} \quad (E\cos^2\theta \geqq U) \qquad (4.73)$$

となる. 屈折率はやはり $n = \sin\theta/\sin\theta_2 = \sqrt{1 - U/E}$ で与えられる.

このように, Newton 力学では $E\cos^2\theta \geqq U$ のとき反射せず屈折し, $E\cos^2\theta < U$ のとき屈折せず反射する. 一方, 量子力学では, 確率振幅でみると, $E\cos^2\theta \geqq$

U のとき反射して屈折し，$E\cos^2\theta < U$ のとき全反射し，屈折波は指数関数的に 0 になるというかなり違った振舞いをする．

Section 4.2
量子力学と複素数

　これまで，電気回路方程式，媒質中の現象論的 Maxwell 方程式，電子波の屈折の問題を複素数を利用して取り扱ってきた．電子波の問題すなわち量子力学の問題以外では，複素数の利用はやはり計算技術的なもので，基本方程式と Euler の公式の線形性が最後に実の物理量にもどることを可能にし，そもそも基本方程式はすべて実数で書かれていた．ところが，量子力学の場合は，基本方程式の Schrödinger 方程式や Heisenberg 方程式にはあからさまに虚数単位が入り込んでおり，確率振幅としての波動関数は最初から最後まで複素数のままであった．量子力学では複素数は計算技術上便宜的なものであるというより，理論の本質に関わっているのである．

　こうして，量子力学は，複素数や虚数が現実的な存在であることを教えてくれる．

第5章
信号処理の数理

Section 5.1
Fourier 解析

電磁波,電子波などの自然界の物理的実在や人間が設計したシステムにおける電気信号などの波動を関数 $f(t,x)$ で表そう. t は時間座標, x は空間座標とする. x は三次元的な位置ベクトル $\vec{r} = (x,y,z)$ としてもよい.

最も基本的な波動は正弦的な周期変化をする信号

$$f(t,x) = F(\omega,k)e^{i(\omega t - kx)} \tag{5.1}$$

である. $F(\omega,k)$ は複素数で ω, k の関数である. その絶対値の 2 乗が波動の強さを表す. ω を角周波数, k を波数といい, 周期 T, 波長 λ を使って, それぞれ $\omega = 2\pi/T, k = 2\pi/\lambda$ と表せる. 角周波数, 波数はそれぞれ, 波動のエネルギー,運動量に対応する.一般の波動は非周期的で,それは正弦波 $F(\omega,k)e^{i(\omega t - kx)}$ を重ね合わせたものとして表すことができる:

$$f(t,x) = \int_{-\infty}^{\infty} \frac{d\omega}{2\pi} \int_{-\infty}^{\infty} \frac{dk}{2\pi} F(\omega,k)e^{i(\omega t - kx)} \tag{5.2}$$

係数 $F(\omega,k)$ は次のように計算される:

$$F(\omega,k) = \int_{-\infty}^{\infty} dt \int_{-\infty}^{\infty} dx f(t,x)e^{-i(\omega t - kx)} \tag{5.3}$$

(5.3) において $F(\omega,k)$ を $f(t,x)$ の Fourier 変換といい, (5.2) を逆 Fourier 変換の公式という.

5.1.1 数学的基礎から応用へ

物理や工学で大活躍する Fourier 解析であるから，物理・工学志向が強い数学の本ばかり読んでいるとその数学的基礎を軽視してしまいがちになる．ここでは，あまり厳密にならない程度に，しかし使うからには当然知っているべき事を述べた後，なぜ信号処理に向いているかを述べる．

関数 $f(t)$ は，次の数学的条件を満たすものとする．

> 1. 積分 $\int_{-\infty}^{\infty} |f(t)|\,dt,\ \int_{-\infty}^{\infty} |f(t)|^2\,dt$ はともに収束
> 2. $f(t)$ は任意の閉区間において有界変動

1番目の条件のうち，$\int_{-\infty}^{\infty} |f(t)|^2\,dt$ に関する条件がなくても直後に述べる Fourier の積分公式や Fourier 変換は存在は保障されるが，応用上 $f(t)$ は物理的な信号を表すことが多く，その場合 $|f(t)|^2$ を信号の単位時間当たりのエネルギー（パワー）と解釈する．したがってその $(-\infty, \infty)$ における積分を有限とすることはエネルギーを有限とすることになるので，物理的解釈上都合がよいわけである．2番目の条件は $f(t)$ が区分的に連続微分可能であれば満たされる．「有界変動」とは，数学的には「長さ確定」とか「有界な単調関数の差として表せる」という条件に同じで，簡単に言うと「あまり激しく振動しない」ということである．この場合，$f(t)$ は必ずしも連続ではないが，有界変動なら不連続点 t においても $f(t+0) \equiv \lim_{\varepsilon_1 \to +0} f(t+\varepsilon_1), f(t-0) \equiv \lim_{\varepsilon_2 \to +0} f(t-\varepsilon_2)$ は存在する．t が連続点であればこれらの算術平均値はもちろん $f(t)$ に一致する．

さて，「$f(t)$ が $(-\infty, \infty)$ において絶対可積分かつ有界変動」ならば次の Fourier の積分公式が成り立つ．

$$\frac{f(t+0) + f(t-0)}{2} = \frac{1}{\pi} \int_0^{\infty} d\omega \int_{-\infty}^{\infty} d\tau f(\tau) \cos \omega(t - \tau) \quad (5.4)$$

右辺は，τ の区間 $(-\infty, \infty)$ に関する広義積分

$$\int_{-\infty}^{\infty} d\tau f(\tau) \cos \omega(t - \tau) = \lim_{\substack{A \to \infty \\ B \to \infty}} \int_{-A}^{B} d\tau f(\tau) \cos \omega(t - \tau) \quad (5.5)$$

5.1 Fourier 解析

が収束して ω, t の関数 $F(\omega, t)$ を定義し,それの ω の区間 $[0, \infty)$ に関する広義積分

$$\frac{1}{\pi} \int_0^\infty d\omega F(\omega, t) = \frac{1}{\pi} \lim_{R \to \infty} \int_0^R d\omega F(\omega, t) \tag{5.6}$$

が収束して t の関数を定義し,さらにそれが

$$\lim_{\substack{\varepsilon_1 \to +0 \\ \varepsilon_2 \to +0}} \frac{1}{2} \{f(t+\varepsilon_1) + f(t-\varepsilon_2)\} \tag{5.7}$$

に等しいということを主張している.

(5.4) の右辺の ω に関する広義積分が単なる無限積分というだけではなくて,$F(\omega, t)$ が $\omega = 0, \omega_1$ $(0 < \omega_1)$ に不連続性などの特異性をもつなら,

$$\int_0^\infty = \lim_{\substack{\varepsilon \to +0, \varepsilon_1 \to +0, \varepsilon_1' \to +0 \\ R \to +\infty}} \left(\int_\varepsilon^{\omega_1 - \varepsilon_1} + \int_{\omega_1 + \varepsilon_1'}^R \right) \tag{5.8}$$

が収束するという意味をもつ.区間 $[0, \infty)$ における $F(\omega, t)$ が $\omega = 0, \omega_1, \cdots, +\infty$ に特異性を持つ可能性があるからといってそれらすべての点についてこのような記法をつかうのは面倒だから,2 点 $\omega = 0, \infty$ に関してのみこのような記法を省略しないことにしよう.ただし,極限記号 lim は省略しその代わり無限小,無限大の正の数 ε, R だけを使おう.さらに,Euler の公式 $\cos \omega(t-\tau) = (e^{i\omega(t-\tau)} + e^{-i\omega(t-\tau)})/2$ を使って (5.4) の右辺を次のように書きなおす.

$$\begin{aligned}
&\int_\varepsilon^R \frac{d\omega}{2\pi} \int_{-\infty}^\infty d\tau f(\tau) e^{i\omega(t-\tau)} + \int_\varepsilon^R \frac{d\omega}{2\pi} \int_{-\infty}^\infty d\tau f(\tau) e^{-i\omega(t-\tau)} \\
&= \int_\varepsilon^R \frac{d\omega}{2\pi} \int_{-\infty}^\infty d\tau f(\tau) e^{i\omega(t-\tau)} - \int_{-\varepsilon}^{-R} \frac{d\omega}{2\pi} \int_{-\infty}^\infty d\tau f(\tau) e^{i\omega(t-\tau)} \\
&= \int_\varepsilon^R \frac{d\omega}{2\pi} e^{i\omega t} \int_{-\infty}^\infty d\tau f(\tau) e^{-i\omega\tau} + \int_{-R}^{-\varepsilon} \frac{d\omega}{2\pi} e^{i\omega t} \int_{-\infty}^\infty d\tau f(\tau) e^{-i\omega\tau} \\
&= \left(\int_{-R}^{-\varepsilon} + \int_\varepsilon^R \right) \frac{d\omega}{2\pi} e^{i\omega t} \int_{-\infty}^\infty d\tau f(\tau) e^{-i\omega\tau}
\end{aligned} \tag{5.9}$$

ここで,$\int_{-\infty}^\infty d\tau f(\tau) e^{-i\omega\tau}$ が収束することを仮定しているが,それは $f(t)$ の $(-\infty, \infty)$ における絶対可積分性から正しい.そこで,

$$F(\omega) \equiv \int_{-\infty}^{\infty} dt e^{-i\omega t} f(t) = \lim_{\substack{A \to \infty \\ B \to \infty}} \int_{-A}^{B} dt e^{-i\omega t} f(t) \quad (5.10)$$

とおき，これを $f(t)$ の Fourier 変換とよぶ．すると，Fourier の積分公式は，

$$\frac{f(t+0) + f(t-0)}{2} = \lim_{\substack{\varepsilon \to +0 \\ R \to +\infty}} \int_{\varepsilon \leq |\omega| \leq R} \frac{d\omega}{2\pi} e^{i\omega t} F(\omega) \quad (5.11)$$

となる．左辺の不連続点における意味と右辺の ω に関する積分の意味を了解した上で，これを

$$f(t) = \int_{-\infty}^{\infty} \frac{d\omega}{2\pi} e^{i\omega t} F(\omega) \quad (5.12)$$

とかき，これを $F(\omega)$ の逆 Fourier 変換という．これは (5.10) と $1/(2\pi)$ の因子の有無や指数因子 $e^{\mp i\omega t}$ の違いを除いてほとんど同じ形である．ただ逆 Fourier 変換の場合の広義積分の収束性に関する条件が少し緩くなっている．このことを強調する場合は，(5.12) を

$$f(t) = \text{P.V.} \int_{-\infty}^{\infty} \frac{d\omega}{2\pi} e^{i\omega t} F(\omega) \quad (5.13)$$

とかくことがある．

(5.12) に (5.10) を代入して，

$$\begin{aligned} f(t) &= \int_{\varepsilon \leq |\omega| \leq R} \frac{d\omega}{2\pi} e^{i\omega t} \int_{-\infty}^{\infty} d\tau e^{-i\omega \tau} f(\tau) \\ &= \int_{-\infty}^{\infty} d\tau f(\tau) \int_{\varepsilon \leq |\omega| \leq R} \frac{d\omega}{2\pi} e^{i\omega(t-\tau)} \end{aligned} \quad (5.14)$$

積分順序の入れ替えは $f(t)$ の有界変動性から許される．ここで $\int_{\varepsilon \leq |\omega| \leq R} \frac{d\omega}{2\pi} e^{i\omega(t-\tau)}$ を次のように変形する．

$$\begin{aligned} &\frac{1}{\pi} \left(\int_{-R}^{-\varepsilon} d\omega \frac{1}{2} e^{i\omega(t-\tau)} + \int_{\varepsilon}^{R} d\omega \frac{1}{2} e^{i\omega(t-\tau)} \right) \\ &= \frac{1}{\pi} \left(-\int_{R}^{\varepsilon} d(-\omega) \frac{1}{2} e^{-i(-\omega)(t-\tau)} + \int_{\varepsilon}^{R} d\omega \frac{1}{2} e^{i\omega(t-\tau)} \right) \\ &= \frac{1}{\pi} \int_{\varepsilon}^{R} d\omega \frac{1}{2} (e^{-i\omega(t-\tau)} + e^{i\omega(t-\tau)}) = \frac{1}{\pi} \int_{\varepsilon}^{R} d\omega \cos \omega(t-\tau) \\ &= \frac{1}{\pi} \frac{\sin \omega(t-\tau)}{t-\tau} \bigg|_{\varepsilon}^{R} = \frac{1}{\pi} \frac{\sin R(t-\tau)}{t-\tau} \end{aligned} \quad (5.15)$$

R を有限とみるとき, u の関数 $\sin Ru/u$ は $u = 0$ に特異点をもつが, それはいわゆる「除きうる特異点」である. 信号理論では $\mathrm{sinc}\, x \equiv \sin x/x$ とかき, そのべき級数表示は,

$$\mathrm{sinc}\, x = \sum_{n=0}^{\infty} \frac{(-1)^n}{(2n+1)!} x^{2n} \tag{5.16}$$

である. こうして (5.4) は

$$\begin{aligned}
f(t) &= \frac{1}{\pi} \int_{-\infty}^{\infty} d\tau f(\tau) \frac{\sin R(t-\tau)}{t-\tau} \\
&= -\frac{1}{\pi} \int_{\infty}^{-\infty} d(t-\tau) f(t-(t-\tau)) \frac{\sin R(t-\tau)}{t-\tau} \\
&= \frac{1}{\pi} \int_{-\infty}^{\infty} du\, f(t-u) \frac{\sin Ru}{u} \\
&= -\frac{1}{\pi} \int_{-\infty}^{0} du\, f(t-u) \frac{\sin Ru}{u} + \frac{1}{\pi} \int_{0}^{\infty} du\, f(u) \frac{\sin Ru}{u} \\
&= \frac{1}{\pi} \int_{0}^{\infty} du\, f(t+u) \frac{\sin Ru}{u} + \frac{1}{\pi} \int_{0}^{\infty} du\, f(t-u) \frac{\sin Ru}{u} \\
&= \int_{0}^{\infty} du\, \frac{f(t+u)+f(t-u)}{2} d_R(u)
\end{aligned} \tag{5.17}$$

に等価になる. ここで,

$$d_R(u) = \frac{2\sin Ru}{\pi u} \quad (u \geqq 0) \tag{5.18}$$

は, $d_R(0) = 2R/\pi$ であり,

$$\int_{0}^{\infty} du \frac{\sin Ru}{u} = \int_{0}^{\infty} d(Ru) \frac{\sin Ru}{Ru} = \frac{\pi}{2} \quad (R > 0) \tag{5.19}$$

に注意すると,

$$\int_{0}^{\infty} du\, d_R(u) = \frac{2}{\pi} \int_{0}^{\infty} du \frac{\sin Ru}{u} = 1 \tag{5.20}$$

である.

$R \to \infty$ で $d_R(u)$ は $u \to +0$ に集中的に値をとるようになり, $u > 0$ における値はほとんど 0 になる. したがって, 右辺において $u > 0$ における

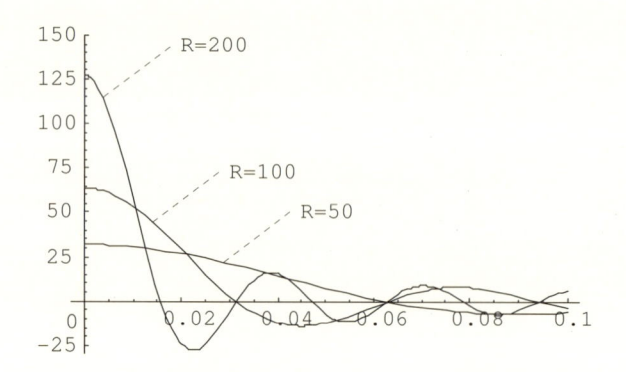

図 5.1　$d_R(u) = \dfrac{2\sin Ru}{\pi u}$ のグラフ ($R = 50, 100, 200$ の場合)

$\{f(t+u) + f(t-u)\}/2$ の値による積分の寄与はなくなり，$R \to \infty$ の極限で，

$$\int_0^\infty du \frac{f(t+u) + f(t-u)}{2} d_R(u)$$
$$\simeq \frac{f(t+0) + f(t-0)}{2} \int_0^\infty du\, d_R(u) = \frac{f(t+0) + f(t-0)}{2} \tag{5.21}$$

となる．一方左辺の $f(t)$ はまさにこれを意味したのであった．こうして，Fourier の積分公式 (5.4) は成り立つ．

ところで，$\delta_R(u) = d_R(u)/2 = \sin Ru/(\pi u)$ を $-\infty < u < \infty$ で考えると，$\lim_{R \to \infty} \delta_R(u)$ は通常の関数と考えるわけにはいかないが，形式的に次の等式が成り立つ．

$$\delta(0) = \infty, \quad \int_{-\infty}^\infty du\, \delta(u) = 1 \tag{5.22}$$

これを用いると，(5.12) から

$$f(t) = \int_{-\infty}^\infty d\tau f(\tau) \delta(t - \tau) \tag{5.23}$$

が得られる．$\delta(u)$ はいわゆる Dirac のデルタ関数とかインパルス応答とよばれる「超関数」であり，そのような立場からは (5.23) をむしろデルタ関数の定義と考える．

(5.23) の右辺のように 2 つの関数 $f(t), g(t)$ に対する演算

$$(f * g)(t) \equiv \int_{-\infty}^{\infty} d\tau f(\tau)g(t-\tau) = \int_{-\infty}^{\infty} d\tau f(t-\tau)g(\tau)$$
$$= (g * f)(t) \tag{5.24}$$

を $f(t), g(t)$ の畳み込み (convolution) とよぶ．積分表式

$$\delta(u) = \text{P.V.} \int_{-\infty}^{\infty} \frac{d\omega}{2\pi} e^{i\omega u} = \lim_{R \to \infty} \int_{-R}^{R} \frac{d\omega}{2\pi} e^{i\omega u} \tag{5.25}$$

をみると，まず $\delta(t)$ は偶関数であることがわかる．$t \neq 0$ のとき，あらゆる角振動数の波 $e^{i\omega t} = \cos\omega t + i\sin\omega t$ が等振幅 1 で重ね合わされ打ち消しあって 0 になり，$t = 0$ のときは無限大となることが直観的にわかる．すると，(5.23) の右辺の積分区間は事実上一点 $\tau = t$ に集中するから，$f(\tau)$ を $f(t)$ という定数と見なして積分の外に出すことができる．

$$f(t) = f(t) \int_{-\infty}^{\infty} d\tau \delta(t-\tau) \tag{5.26}$$

こうして，$\delta(t)$ は積分すると 1 になるように $\delta(0)$ は無限大の値をとるのである．

$$\int_{-\infty}^{\infty} dt \delta(t) = 1 \tag{5.27}$$

そろそろまとめよう．$f(t)$ が $(-\infty, \infty)$ において絶対可積分で有界変動であるとすると，その Fourier 変換 $F(\omega)$(5.10) が存在し，反転公式としての逆 Fourier 変換 (5.12) が成り立つための要は，(5.4) すなわち，

$$\lim_{R \to \infty} \int_{-\infty}^{\infty} d\tau f(\tau) \frac{\sin R(t-\tau)}{\pi(t-\tau)}$$
$$= \lim_{R \to \infty} \int_{0}^{\infty} du \frac{f(t+u) + f(t-u)}{2} \frac{2\sin Ru}{\pi u} \tag{5.28}$$
$$= \frac{f(t-0) + f(t+0)}{2}$$

不連続点 t での $\{f(t-0)+f(t+0)\}/2$ を $f(t)$ とかいてデルタ関数を用いると，

$$\int_{-\infty}^{\infty} d\tau f(\tau)\delta(t-\tau) = \int_{0}^{\infty} du \frac{f(t-u) + f(t+u)}{2} \delta(u) = f(t) \tag{5.29}$$

とかける．ここで，最初のデルタ $\delta(u)$ $(-\infty < u < \infty)$ は $\delta_R(u)$ $(-\infty < u < \infty)$ の極限，次のデルタ $\delta(u)$ $(u \geq 0)$ は $d_R(u) = 2\delta_R(u)$ $(u \geq 0)$ の極限である．

通常 $\delta(u)$ は両側の無限区間 $(-\infty, \infty)$ で考えることが多いので最初の極限 $\lim_{R\to\infty}\delta_R(u)$ を用いることが多いが，後述する Laplace 変換を用いる場合は片側無限区間 $[0, \infty)$ で考えるので，極限 $\lim_{R\to\infty}d_R(u)$ を用いなけらばならない．

このインパルス $\delta(t)$ や畳み込み $(f*g)(t)$ は，次のように，線形システムに対する重要な物理的，工学的意味をもっている．今，ある線形システム，つまりそれに入力信号 $x_k(t)$ を与えたときの出力信号を $y_k(t)$ とすると，入力信号 $x(t) = \sum_k a_k x_k(t)$ (a_k は定数) に対する出力信号が $y(t) = \sum_k a_k y_k(t)$ で与えられるような系があるとしよう．この線形システムの入力信号としてインパルス $\delta(t)$ を与えた時の応答すなわち出力信号が $h(t)$ であるとすると，$h(t)$ はこの線形システムの性質を表す関数であると考えられ，系のインパルス応答という．一般の入力信号 $x(t)$ に対する系の応答は，系の線形性によってインパルス応答を用いて次のように求められる．すなわちデルタ関数 $\delta(t)$ の性質（というより定義）(5.23) より，入力信号 $x(t)$ は無数のいろいろな強さ $x(\tau)$ をもつインパルス $x(\tau)\delta(t-\tau)$ $(-\infty < \tau < \infty)$ の和として表すことができる．

$$x(t) = \int_{-\infty}^{\infty} d\tau x(\tau)\delta(t-\tau) \tag{5.30}$$

まず，系のインパルス応答が $h(t)$ であるから，時間が τ ずれた入力 $\delta(t-\tau)$ に対し出力は $h(t-\tau)$ である．系の線形性により入力 $x(\tau)\delta(t-\tau)$ に対し出力は $x(\tau)h(t-\tau)$ であり，これを τ について積分するとやはり系の線形性により入力 $x(t)$ に対する出力 $y(t)$ が次のように得られる．

$$y(t) = \int_{-\infty}^{\infty} d\tau x(\tau)h(t-\tau) = (h*x)(t) \tag{5.31}$$

このように，線形システムのインパルス応答 $h(t)$ がわかると，一般の入力信号 $x(t)$ に対する応答は $h(t)$ と $x(t)$ の畳み込み積分で与えられるのである．さらに，この事実を Fourier 変換で書き換えてみよう．まず一般に畳み込み積分を Fourier 変換するとどうなるかを見てみよう．$f(t), g(t)$ の Fourier

変換をそれぞれ $F(\omega), G(\omega)$ とすると，

$$\begin{aligned}\int_{-\infty}^{\infty} dt e^{-i\omega t}(f*g)(t) &= \int_{-\infty}^{\infty} dt e^{-i\omega t} \int_{-\infty}^{\infty} d\tau f(\tau)g(t-\tau) \\ &= \int_{-\infty}^{\infty} dt e^{-i\omega(t-\tau)} e^{-i\omega\tau} \int_{-\infty}^{\infty} d\tau f(\tau)g(t-\tau) \\ &= \int_{-\infty}^{\infty} d(t-\tau) e^{-i\omega(t-\tau)} g(t-\tau) \int_{-\infty}^{\infty} d\tau e^{-i\omega\tau} f(\tau) = G(\omega)F(\omega)\end{aligned} \quad (5.32)$$

すなわち，畳み込み積分の Fourier 変換は単なる積になる．したがって，(5.31) を Fourier 変換でみると非常に簡潔な式になる．

$$Y(\omega) = X(\omega)H(\omega) \quad (5.33)$$

つまり，任意の入力信号の Fourier 変換に系のインパルス応答の Fourier 変換 $H(\omega)$ をかけるだけで出力信号の Fourier 変換が得られる．$H(\omega)$ は系固有の性質から決まり，この系の伝達関数と呼ばれることがある．

ある線形システムの伝達関数を知ることは，その系を理解したことになり，さらにそれを上手く制御，設計して，入力信号を思い通りに加工してねらい通りの出力信号を得ることも可能になる．物理，工学の分野では実際こういうことをやって自然現象を理解し応用しているのであり，Fourier 変換の方法が物理や工学の広範な分野で活躍する理由である．

数物系の理系学部で，Fourier 解析を学ばないところはないだろう．そもそも，高校・大学教養課程などで微分積分や三角関数に関わる計算を訓練するのは，Fourier 解析をこなすためだと言ってもよいと思う．その理由は，上述した Fourier 変換の適用範囲の広さにある．三角関数という非常に基本的な関数の和として表現することにより，個々の多様な関数の性質を基本的な三角関数の性質で語ることができる．三角関数はよく理解されているのである．そして，ある程度の手計算で具体的な線形微分波動方程式の解がきちんと求められることも物事を分かりやすくしている．具体的に解けてある程度の解釈ができるということは，解析，理解の次にくる制御，設計といった工学的な応用につながる．

ただ，解析・理解→制御・設計という順序は論理的ではあるが，現実の歴史はそう簡単にはいかない．実際，Fourier は熱伝導を理解するために Fourier 級数・変換を開発したが，関数が三角関数の和として表現できるかどうかの条件についての数学的厳密な説明は Dirichlet や Jordan などによって後になって与えられた．後に紹介する電気回路などの線形システムの設計・制御理論の基礎である Laplace 解析の手法も，もともと Heaviside が電気回路の解析に有効なものとして発明した演算子法を，後になって Laplace 変換を基礎として Bromwich や Wargner らが数学的な厳密性を確立したのである．なぜそれが成立するかどうかがわからなくても現実に役に立つのであればそれは使われるのが技術だともいえる．

　熱伝導方程式を解くために Fourier が開発したこの方法は，その他の線形微分波動方程式を一般的に解くための主要な方法として確立した．最近の計算機に関わるハード，ソフトの両面における飛躍的な技術の発展においても Fourier 変換は主役級の活躍をしているのだが，技術のブラックボックス化が進むにつれてなかなかそのことが見えにくくなっている．デジタル技術や Internet 技術が支える IT 社会の到来も，約 200 年前に開発された Fourier の方法のおかげなのである．

5.1.2　直観的理解を深める

　Fourier 変換 $F(\omega)$ を応用しようとするとき，「どういう関数が Fourier 変換でき，またそれを逆変換したら元に戻るのか」といって論理的な厳密な理解も重要だが，Fourier 変換を物理的に，定性的に，直観的にとらえておくことが，とくに工学的応用を考えるときは，非常に重要である．ここでは手計算で解析しやすい具体的な例で具体的に計算しながら話を進める．大学受験数学で鍛えた微積分計算力は決して無駄ではないことが実感できるはずである．

　信号 $f(t)$ の単位時間あたりのエネルギーすなわちパワーは振幅の絶対

値の 2 乗 $|f(t)|^2$ であるとすれば，エネルギーは積分

$$\int_{-\infty}^{\infty} dt |f(t)|^2 \tag{5.34}$$

で与えられる．エネルギーが有限な信号は，その Fourier 変換 $F(\omega)$ が存在する為の条件，すなわち絶対値の無限積分 $\int_{-\infty}^{\infty} dt|f(t)|$ の存在に加えて絶対値の 2 乗の無限積分の存在も仮定することになる．このエネルギーの積分については Plancherel の定理

$$\int_{-\infty}^{\infty} dt |f(t)|^2 = \int_{-\infty}^{\infty} \frac{d\omega}{2\pi} |F(\omega)|^2 \tag{5.35}$$

が成り立つ．これはデルタ関数を用いれば次のように簡潔に証明される．今，2 つの信号 $f(t), g(t)$ の Fourier 変換をそれぞれ $F(\omega), G(\omega)$ とするとき，

$$\begin{aligned}
\int_{-\infty}^{\infty} dt f(t)^* g(t) &= \int_{-\infty}^{\infty} dt \int_{-\infty}^{\infty} \frac{d\omega}{2\pi} e^{-i\omega t} F(\omega)^* \int_{-\infty}^{\infty} \frac{d\omega'}{2\pi} e^{i\omega' t} G(\omega') \\
&= \int_{-\infty}^{\infty} \frac{d\omega}{2\pi} \int_{-\infty}^{\infty} \frac{d\omega'}{2\pi} F(\omega)^* G(\omega') \int_{-\infty}^{\infty} dt e^{i(\omega-\omega')t} \\
&= \int_{-\infty}^{\infty} \frac{d\omega}{2\pi} \int_{-\infty}^{\infty} \frac{d\omega'}{2\pi} F(\omega)^* G(\omega') 2\pi \delta(\omega - \omega') \\
&= \int_{-\infty}^{\infty} \frac{d\omega}{2\pi} F(\omega)^* \int_{-\infty}^{\infty} d\omega' G(\omega') \delta(\omega - \omega') = \int_{-\infty}^{\infty} \frac{d\omega}{2\pi} F(\omega)^* G(\omega)
\end{aligned} \tag{5.36}$$

2 行目から 3 行目に移るとき，(5.25) より $\int_{-\infty}^{\infty} dt e^{i(\omega-\omega')t} = 2\pi\delta(\omega - \omega')$ を使った．特に $g(t) = f(t)$ とすれば (5.35) を得る (証明終)．

以下で，信号 $f(t)$ の Fourier 変換 $F(\omega)$ の直観的な意味を，その定義式 (5.10) と逆変換公式 (5.12)，Plancherel の等式 (5.35) からとらえてみよう．

式 (5.12) において，$e^{i\omega t} = \cos\omega t + i\sin\omega t$ は正弦波を表し，$\omega = 2\pi/T$ と書くと，T は周期で，$\nu = 1/T$ は振動数または周波数とよばれ，1 秒間に何回振動するかを表す．$F(\omega) = F_\nu$ は振動数 ν の正弦波 $e^{i\omega t} = e^{i2\pi\nu t}$ がどれくらいの密度で信号 $f(t)$ に含まれているかを表している．$t = 0$ で不連続で有限幅の急激な変化をする

$$f_1(t) = \begin{cases} 0 & (t < 0) \\ \sqrt{2} e^{-t} & (t \geqq 0) \end{cases} \tag{5.37}$$

なる関数と，これに対して $t=0$ で連続な

$$f_2(t) = e^{-|t|} \tag{5.38}$$

関数を考える．いずれも，エネルギーは 1 に規格化している．(図 5.2)

$$\int_{-\infty}^{\infty} dt |f_1(t)|^2 = \int_{-\infty}^{\infty} dt |f_2(t)|^2 = 1 \tag{5.39}$$

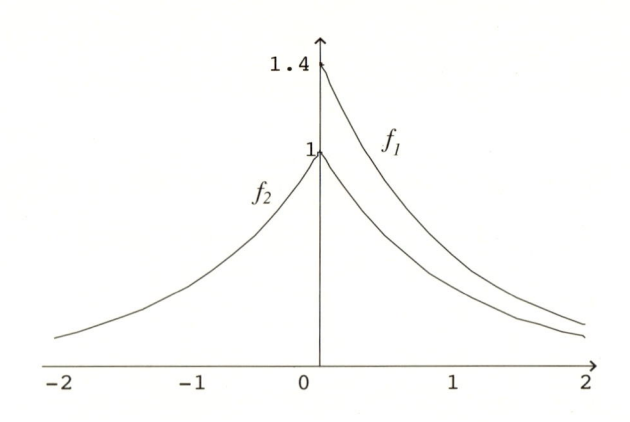

図 5.2 $f_1(t) = \sqrt{2}e^{-t}$ $(t \geqq 0)$ と $f_2(t) = e^{-|t|}$ のグラフ

これらの Fourier 変換をそれぞれ $F_1(\omega), F_2(\omega)$ とする．直観で予想されるのは，$|\omega| \to \infty$ のとき $F_1(\omega)$ は緩やかに 0 に近づくのに対し，$F_2(\omega)$ はもっと速く 0 に近づくということである．なぜなら，時間的に激しく振動する関数は大きな ω に対する正弦波 $e^{i\omega t}$ が含まれるはずだから．このことを計算で確かめてみよう．$F_1(\omega)$ は

$$\begin{aligned} F_1(\omega) &= \int_0^\infty dt e^{-i\omega t} \sqrt{2} e^{-t} = \sqrt{2} \int_0^\infty dt e^{-(1+i\omega)t} \\ &= \sqrt{2} \frac{e^{-(1+i\omega)t}}{-(1+i\omega)} \bigg|_0^\infty = \frac{\sqrt{2}}{1+i\omega} \simeq \frac{\sqrt{2}}{i\omega} \ (|\omega| \to \infty) \end{aligned} \tag{5.40}$$

となり，$F_2(\omega)$ は

$$F_2(\omega) = \int_{-\infty}^{0} dt e^{-i\omega t} e^{t} + \int_{0}^{\infty} dt e^{-i\omega t} e^{-t}$$
$$= \int_{-\infty}^{0} dt e^{(1-i\omega)t} + \int_{0}^{\infty} dt e^{-(1+i\omega)t} = \frac{e^{(1-i\omega)t}}{1-i\omega}\bigg|_{-\infty}^{0} + \frac{e^{-(1+i\omega)t}}{-(1+i\omega)}\bigg|_{0}^{\infty} \quad (5.41)$$
$$= \frac{1}{1-i\omega} + \frac{1}{1+i\omega} = \frac{2}{1+\omega^2} \simeq \frac{2}{\omega^2} \ (|\omega| \to \infty)$$

となる．$|\omega| \to \infty$ のとき，$1/\omega^2$ よりも $1/\omega$ のほうがゆっくり 0 に近づき，$F_1(\omega)$ は高い振動数をもつ $e^{i\omega t}$ をより多く含むことがわかる．これは時間領域の信号 $f_1(t)$ の $t = 0$ における有限ステップ状の急激な変化を，振動数領域の $F_1(\omega)$ の性質としてとらえたことになる．(図 5.3)

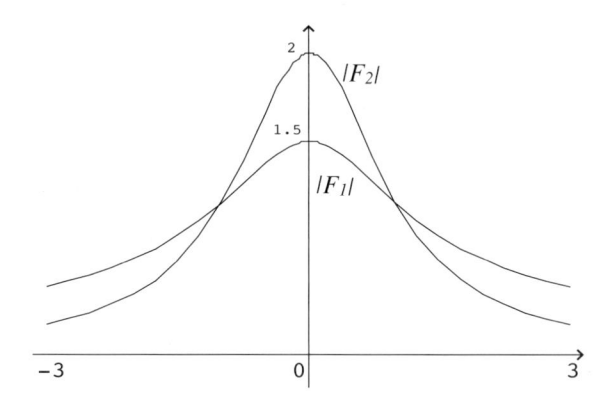

図 5.3 $|F_1(\omega)| = \dfrac{\sqrt{2}}{\sqrt{1+\omega^2}}$ と $|F_2(\omega)| = \dfrac{2}{1+\omega^2}$ のグラフ

ここで，$f_j(t), F_j(\omega)$ について Plancherel の定理

$$\int_{-\infty}^{\infty} d\omega |F_j(\omega)|^2 = 2\pi \int_{-\infty}^{\infty} dt |f_j(t)|^2 = 2\pi \ (j = 1, 2) \quad (5.42)$$

が成り立つことを直接確認しておこう．a を正の定数として少し一般化しておく．

$$f_1(t) = \begin{cases} \sqrt{2a} e^{-at} & (t \geqq 0) \\ 0 & (t < 0) \end{cases}, \ f_2(t) = \sqrt{a} e^{-a|t|} \quad (5.43)$$

これらの Fourier 変換はそれぞれ

$$F_1(\omega) = \frac{\sqrt{2a}}{a + i\omega}, \; F_2(\omega) = \frac{2a\sqrt{a}}{a^2 + \omega^2} \tag{5.44}$$

となる． $|F_1(\omega)|^2 = 2a/(a^2+\omega^2), |F_2(\omega)|^2 = 4a^3/(a^2+\omega^2)^2$ はいずれも ω の偶関数なので，

$$\int_0^\infty d\omega |F_j(\omega)|^2 = \pi \; (j=1,2) \tag{5.45}$$

を示せばよい． $\omega = a\tan\theta \; (0 \leqq \theta < \pi/2)$ と置換すれば， $d\omega = ad\theta/\cos^2\theta$ であるから，

$$\begin{aligned}
|F_1(a\tan\theta)|^2 d(a\tan\theta) &= \frac{2a}{a^2(1+\tan^2\theta)} \frac{ad\theta}{\cos^2\theta} = 2d\theta \\
|F_2(a\tan\theta)|^2 d(a\tan\theta) &= \frac{4a^3}{a^4(1+\tan\theta^2)^2} \frac{ad\theta}{\cos^2\theta} = 4\cos^2\theta d\theta \\
&= 2(1+\cos 2\theta)d\theta
\end{aligned} \tag{5.46}$$

を 0 から $\pi/2$ まで積分すれば，いずれも明らかに π になる．(証明終)

ところで， $f_j(t)$ のグラフ (図 5.2) と $F_j(\omega)$ のグラフ (図 5.3) の広がり具合を見て見よう．パラメータ $a > 0$ に依存する場合を考えると，その広がりは定義式をみればわかるように $f_1(t)$ の場合は $1/a$ 程度， $F_1(\omega)$ の場合は a 程度である．あるいは直接標準偏差 $\Delta t, \Delta \omega$ を計算してみよう．例えば平均 $\bar{t} = \int_{-\infty}^\infty dtt|f_2(t)|^2 = 0$ の $f_2(t)$ の場合，

$$\begin{aligned}
(\Delta t)^2 &= \int_{-\infty}^\infty dt t^2 (\sqrt{a}e^{-a|t|})^2 = 2a\int_0^\infty dt t^2 e^{-2at} \\
&= 2a \left\{ \int_0^\infty dt t^2 \left(\frac{e^{-2at}}{-2a}\right)' \right\} = 2a \left\{ t^2 \frac{e^{-2at}}{-2a} \Big|_0^\infty - \int_0^\infty dt 2t \frac{e^{-2at}}{-2a} \right\} \\
&= 2 \int_0^\infty dt t \left(\frac{e^{-2at}}{-2a}\right)' = 2 \left\{ t \frac{e^{-2at}}{-2a} \Big|_0^\infty - \int_0^\infty dt \frac{e^{-2at}}{-2a} \right\} \\
&= \frac{1}{a} \int_0^\infty dt e^{-2at} = \frac{1}{a} \frac{e^{-2at}}{-2a} \Big|_0^\infty = \frac{1}{2a^2} \\
\Delta t &= \frac{1}{\sqrt{2}a}
\end{aligned} \tag{5.47}$$

である． $\Delta \omega$ は，(5.35) を少し書き換えた

$$\int_{-\infty}^\infty dt |f(t)|^2 = \int_{-\infty}^\infty d\nu |F_\nu|^2 \tag{5.48}$$

から，

$$(\Delta v)^2 = \overline{v^2} - (\bar{v})^2$$
$$= \int_{-\infty}^{\infty} dv v^2 |F_{2v}|^2 - \left(\int_{-\infty}^{\infty} dv v |F_{2v}|^2\right)^2 \tag{5.49}$$

で定義される Δv を使って，やはり $\bar{v} = \int_{-\infty}^{\infty} dv v |F_{2v}|^2 = 0$ となることに注意して，

$$\begin{aligned}(\Delta\omega)^2 &= (2\pi)^2 \int_{-\infty}^{\infty} \frac{d\omega}{2\pi} \left(\frac{\omega}{2\pi}\right)^2 |F_2(\omega)|^2 \\ &= (2\pi)^2 \int_{-\infty}^{\infty} \frac{d\omega}{2\pi} \left(\frac{\omega}{2\pi}\right)^2 \frac{4a^3}{(a^2+\omega^2)^2} = 2\int_0^{\infty} \frac{d\omega}{2\pi} \omega^2 \frac{4a^3}{(a^2+\omega^2)^2} \\ &= \frac{4a^3}{\pi} \int_0^{\infty} d\omega \frac{\omega^2}{(a^2+\omega^2)^2} = \frac{4a^3}{\pi} \int_0^{\infty} d(a\tan\theta) \frac{(a\tan\theta)^2}{\{a^2(1+\tan^2\theta)\}^2} \\ &= \frac{4a^3}{\pi} \int_0^{\frac{\pi}{2}} d\theta \frac{a}{\cos^2\theta} \frac{a^2\tan^2\theta}{a^4(1+\tan^2\theta)^2} = \frac{4a^2}{\pi} \int_0^{\frac{\pi}{2}} d\theta \sin^2\theta \\ &= \frac{2a^2}{\pi} \int_0^{\frac{\pi}{2}} d\theta (1-\cos 2\theta) = \frac{2a^2}{\pi} (\theta - \frac{1}{2}\sin 2\theta)\Big|_0^{\frac{\pi}{2}} = a^2 \end{aligned} \tag{5.50}$$

$\Delta\omega = a$

よって，$f_2(t)$ の広がり Δt(標準偏差) とその Fourier 変換 $F_2(\omega)$ の広がり (標準偏差)$\Delta\omega$ の積は

$$\Delta\omega\Delta t = a\frac{1}{\sqrt{2}a} = \frac{1}{\sqrt{2}} \tag{5.51}$$

となる．この結果から例えば次のようなことが言える．時間領域での信号の広がり $\Delta t \simeq 1/a$ を小さくしようと a を大きくすると，振動数領域では逆に $\Delta\omega \simeq a$ のように広がってしまう．このような関係を一般的に不確定性関係とよぶ．極端な場合として，時間領域で無限に広がった信号として正弦波 $f(t) = Ce^{i\Omega t}$ をとると，$F(\omega) = \int_{-\infty}^{\infty} dt e^{-i\omega t} f(t) = \int_{-\infty}^{\infty} dt C e^{-i(\omega-\Omega)t} = 2\pi C\delta(\omega-\Omega)$ となり，振動数は寸分の揺らぎもなく完全に Ω に等しくなり，全く広がりがない．なお，$f_1(t), F_1(\omega)$ の場合は，$\omega^2|F_1(\omega)|^2 = \frac{2\omega^2}{1+\omega^2} \to 2 \ (|\omega|\to\infty)$ となるので ω の分散 (標準偏差の 2 乗) が存在しない．しかし，$\Delta t = 1/(2a), \bar{\omega} = 0$ は計算できるので，$\Delta\omega = \infty$ と考えれば，$\Delta\omega\Delta t = \infty$ と考えてよいだろう．

5.1.3 不確定性関係

具体例 $f_2(t) = \sqrt{a}e^{-a|t|}$ で示された (5.51) のような不確定性関係について少し一般的に考えてみよう．理系の教育課程で数学と物理を学んだ人なら，この不確定性関係は，Fourier 解析を本格的に学ぶ前に，量子力学の入門的な本や話の中で Heisenberg の不確定性原理と関連して教えられたのではないだろうか．筆者はまさにそうであり，最初はなかなかよくわからなかった．当時を思い出すと，Fourier 変換の数学を学んだ後のほうがすっきり受け入れられ，物理と数学は本質的に不可分という印象を強烈に受けたことを記憶している．

ある一般的な条件の下に

$$\Delta\omega\Delta t \geqq \frac{1}{2} \tag{5.52}$$

が成り立つことが知られている．さらに，この不等式の等号が成立する場合は，信号 $f(t)$ のエネルギーが 1 に規格化された次のような Gauss 型関数であるときであることも知られている．

$$f(t) = \frac{1}{(2\pi)^{1/4}\sqrt{\sigma}}e^{-\frac{t^2}{4\sigma^2}} \tag{5.53}$$

$|f(t)|^2 = f(t)^2 = e^{-t^2/(2\sigma^2)}/(\sqrt{2\pi}\sigma)$ は平均 0，標準偏差 σ の正規分布関数である．$f_2(t)$ と同様に，時間軸上の信号波形は正のパラメータ σ によって変化させることができる．そのとき次のようなことが予想できるだろう．まず，振動数領域でのエネルギーも 1 に規格化されているはずである．これは Plancherel の定理 (5.35) から分かる．$\sigma \to \infty$ のとき，エネルギーが全時間軸上に平均化されていくので，有限な振動数成分はほとんど無くなり，振動しない $\nu = 0$ の成分だけになってしまうだろう．逆に，$\sigma \to +0$ のとき，$|f(t)|^2$ は $\delta(t)$ になり，$t = 0$ で無限大の幅で激しく振動するので限りなく大きな振動数成分をもつだろう．このことを実際に計算で確かめてみよう．

(5.53) を (5.10) に代入すると，$e^z = \sum_{n=0}^{\infty} \frac{z^n}{n!}$ に注意して，

$$\begin{aligned}F(\omega) &= \int_{-\infty}^{\infty} dt e^{-i\omega t} \frac{1}{(2\pi)^{1/4} \sqrt{\sigma}} e^{-\frac{t^2}{4\sigma^2}} \\ &= \frac{1}{(2\pi)^{1/4} \sqrt{\sigma}} \int_{-\infty}^{\infty} dt \sum_{n=0}^{\infty} \frac{(-i\omega t)^n}{n!} e^{-\frac{t^2}{4\sigma^2}} \\ &= \frac{1}{(2\pi)^{1/4} \sqrt{\sigma}} \sum_{n=0}^{\infty} \frac{1}{n!} \int_{-\infty}^{\infty} dt (-i)^n \omega^n t^n e^{-\frac{t^2}{4\sigma^2}}\end{aligned} \quad (5.54)$$

ここで奇数 $n = 1, 3, \cdots$ に関する和は奇関数の $(-\infty, \infty)$ の積分になり消えてしまうので，

$$\begin{aligned}F(\omega) &= \frac{1}{(2\pi)^{1/4} \sqrt{\sigma}} \sum_{m=0}^{\infty} \frac{1}{(2m)!} \int_{-\infty}^{\infty} dt (-i)^{2m} \omega^{2m} t^{2m} e^{-\frac{t^2}{4\sigma^2}} \\ &= \frac{2\sigma}{(2\pi)^{1/4} \sqrt{\sigma}} \sum_{m=0}^{\infty} \frac{(-1)^m \omega^{2m} (2\sigma)^{2m}}{(2m)!} \int_{-\infty}^{\infty} d\left(\frac{t}{2\sigma}\right) \left(\frac{t}{2\sigma}\right)^{2m} e^{-\left(\frac{t}{2\sigma}\right)^2} \\ &= \frac{2\sqrt{\sigma}}{(2\pi)^{1/4}} \sum_{m=0}^{\infty} \frac{(-1)^m \omega^{2m} 2^{2m} \sigma^{2m}}{(2m)!} I_m\end{aligned} \quad (5.55)$$

ここに $I_m = \int_{-\infty}^{\infty} d\tau \tau^{2m} e^{-\tau^2}$ ($m = 0, 1, \cdots$) であり，$m \geq 1$ のとき，

$$\begin{aligned}I_m &= -\frac{1}{2} \int_{-\infty}^{\infty} d\tau \tau^{2m-1} \frac{d(e^{-\tau^2})}{d\tau} \\ &= -\frac{1}{2} \left\{ \tau^{2m-1} e^{-\tau^2} \Big|_{-\infty}^{\infty} - \int_{-\infty}^{\infty} d\tau (2m-1) \tau^{2(m-1)} e^{-\tau^2} \right\} \\ I_m &= \frac{2m-1}{2} I_{m-1} = \frac{2m-1}{2} \frac{2m-3}{2} I_{m-2} = \cdots = \frac{(2m-1)!!}{2^m} I_0\end{aligned} \quad (5.56)$$

$(2m-1)!! \equiv (2m-1)(2m-3)\cdots 3 \cdot 1$ において $(-1)!! \equiv 1$ と約束すれば，この式は $m = 0, 1, \cdots$ で成立する．さらに

$$I_m = \frac{2m(2m-1)(2m-2)(2m-3)\cdots 3 \cdot 2 \cdot 1}{2m(2m-2)\cdots 4 \cdot 2 \cdot 2^m} I_0 = \frac{(2m)!}{m! 2^{2m}} I_0 \quad (5.57)$$

であるから，$I_0 = \int_{-\infty}^{\infty} d\tau e^{-\tau^2} = \sqrt{\pi}$ に注意して，

$$\begin{aligned} F(\omega) &= \frac{2\sqrt{\sigma}}{(2\pi)^{1/4}} \sum_{m=0}^{\infty} \frac{(-1)^m \omega^{2m} 2^{2m} \sigma^{2m}}{(2m)!} \frac{(2m)!}{m! 2^{2m}} \sqrt{\pi} \\ &= \frac{2\sqrt{\pi\sigma}}{(2\pi)^{1/4}} \sum_{m=0}^{\infty} \frac{(-1)^m \omega^{2m} \sigma^{2m}}{m!} = \frac{2\sqrt{\pi\sigma}}{(2\pi)^{1/4}} \sum_{m=0}^{\infty} \frac{(-\omega^2 \sigma^2)^m}{m!} \\ &= \frac{2\sqrt{\pi\sigma}}{(2\pi)^{1/4}} e^{-\omega^2 \sigma^2} \end{aligned} \quad (5.58)$$

$F_\nu = F(2\pi\nu)$ の大きさの 2 乗を計算すると，

$$\begin{aligned} |F_\nu|^2 &= \frac{4\pi\sigma}{\sqrt{2\pi}} e^{-2(2\pi\nu)^2 \sigma^2} = \frac{4\pi\sigma}{\sqrt{2\pi}} e^{-8\pi^2 \nu^2 \sigma^2} \\ &= \frac{1}{\sqrt{2\pi}\{(4\pi\sigma)^{-1}\}} e^{-\frac{\nu^2}{2[(4\pi\sigma)^{-1}]^2}} \end{aligned} \quad (5.59)$$

$(4\pi\sigma)^{-1} = \Delta\nu$ とおくと，

$$|F_\nu|^2 = \frac{1}{\sqrt{2\pi}\Delta\nu} e^{-\frac{\nu^2}{2(\Delta\nu)^2}} \quad (5.60)$$

これは振動数軸上における平均 0，標準偏差 $\Delta\nu$ の正規分布関数に正確に一致する．振動数成分の振動数軸上のグラフは，$\nu = 0$ に幅，高さがそれぞれ $\Delta\nu, 1/\Delta\nu$ 程度のピークをもつ．σ は時間軸上の正規分布 $|f(t)|^2$ の標準偏差だったから Δt と書き直すと，$\Delta\omega \equiv 2\pi\Delta\nu$ と Δt の間には次の関係式が成り立つ．

$$\Delta\omega \Delta t = \frac{1}{2} \quad (5.61)$$

このように，不確定性関係の不等式の等号が成立する (あるいは近似的に成立する) 場合を最小不確定性の状態と呼ぼう．レーザーのように位相が定まった光波 (可視領域の電磁場) の状態を量子論的に記述するときに用いられるのが，光波の振幅に関連する光子数である．光子数と位相も時間と振動数と同様に不確定性関係が成り立つことが知られている．光子数が大きいときに光子数と位相が最小不確定性の状態にある状態がコヒーレント状態とよばれる状態である．この状態は同じく最小不確定性関係にあるスクイズド状態とともに量子光学の話題でよく解説されている．1960 年代に

レーザーが発明されて以来，光と物質の相互作用の理論と実験は，量子エレクトロニクスなど工学的な応用分野も含めて発展しつつある．

Section 5.2
Laplace 解析

5.2.1 Laplace 変換の定義

信号 $f(t)$ は $t < 0$ で 0 とする．このとき，$\sigma > 0$ を適当な正の定数として，t の関数 $e^{-\sigma t} f(t)$ ($-\infty < t < \infty$) の Fourier 変換

$$\int_{-\infty}^{\infty} dt e^{-i\omega t} e^{-\sigma t} f(t) = \int_{0}^{\infty} dt e^{-(\sigma+i\omega)t} f(t) \tag{5.62}$$

を考える．$f(t)$ に通常の意味で Fourier 変換が存在しなくてもこの積分は指数因子 $e^{-\sigma t}$ のために収束することは十分考えられる．σ はとりあえずそのような正の数であるとしよう．すると，この積分は複素変数 $s = \sigma + i\omega$ の関数

$$F(s) \equiv \int_{0}^{\infty} dt e^{-st} f(t) \tag{5.63}$$

となり，これを信号 $f(t)$ の Laplace 変換と定義する．$\sigma = 0$ すなわち $s = i\omega$ のときも $F(s)$ が存在するなら $F(i\omega)$ は信号 $f(t)$ の Fourier 変換である．Laplace 逆変換は，$e^{-\sigma t} f(t)$ ($-\infty < t < \infty$) の逆 Fourier 変換 $e^{-\sigma t} f(t) = \int_{-\infty}^{\infty} \frac{d\omega}{2\pi} e^{i\omega t} F(\sigma + i\omega) = \int_{-i\infty}^{i\infty} \frac{d(i\omega)}{2\pi i} e^{i\omega t} F(\sigma + i\omega)$ の両辺に $e^{\sigma t}$ をかけて得られる．

$$f(t) = \frac{1}{2\pi i} \int_{\sigma-i\infty}^{\sigma+i\infty} ds e^{st} F(s) \tag{5.64}$$

これがLaplace変換の反転公式すなわちである．逆Fourier変換の公式(5.12)と同様，正確に書けば

$$\frac{f(t+0)+f(t-0)}{2} = \lim_{R \to +\infty} \frac{1}{2\pi i} \int_{\sigma-iR}^{\sigma+iR} ds e^{st} F(s) \quad (5.65)$$

となる．

5.2.2 初等関数の Laplace 変換

いくつかの初等関数のLaplace変換を求めてみよう．ただし，いずれの関数も $t<0$ では0と考える．Laplace変換の線形性から，これらの初等関数の線形結合の関数のLaplace変換は，そのままそれぞれの関数のLaplace変換の線形結合で与えられる．

ここで次の記法も導入しておく．すなわち，$f(t)$ のLaplace変換が $F(s)$ であるとき，

$$\mathcal{L}\{f(t)\} = F(s) \quad (5.66)$$

とかく．$\int_0^\infty dt e^{-st} f(t)$ は関数 $f(t)$ $(t \geqq 0)$ に対する演算(作用)と考え，$\int_0^\infty dt e^{-st} *$ を演算子(作用素)$\mathcal{L}\{*\}$ で略記するのである．

多項式 t^n のLaplace変換 $I_n(s) = \int_0^\infty dt t^n e^{-st}$ は，まず

$$I_0(s) = \int_0^\infty dt e^{-st} = \left.\frac{e^{-st}}{-s}\right|_0^\infty = \frac{1}{s} \quad (\text{Re}(s)>0) \quad (5.67)$$

$n \geqq 1$ のとき，

$$\begin{aligned} I_n(s) &= \int_0^\infty dt (-1)^n \frac{\partial^n e^{-st}}{\partial s^n} = (-1)^n \frac{d^n}{ds^n} \int_0^\infty dt e^{-st} \\ &= (-1)^n \frac{d^n I_0(s)}{ds^n} = (-1)^n \frac{d^n(s^{-1})}{ds^n} = (-1)^n (-1)^n n! s^{-1-n} = \frac{n!}{s^{n+1}} \end{aligned} \quad (5.68)$$

これは $n=0$ でも成り立つ．こうして，

$$\mathcal{L}\{t^n\} = \frac{n!}{s^{n+1}} \ (n=0,1,\cdots) \quad (5.69)$$

が得られる．

5.2 Laplace 解析

指数関数 $e^{\alpha t}$ (α は複素定数) の Laplace 変換は

$$\mathcal{L}\{e^{\alpha t}\} = \int_0^\infty dt e^{\alpha t} e^{-st} = \int_0^\infty dt e^{-(s-\alpha)t} = \frac{1}{s-\alpha} \ (\text{Re}(s) > \text{Re}(\alpha)) \quad (5.70)$$

これから双曲線関数 $\sinh \lambda t = \dfrac{e^{\lambda t} - e^{-\lambda t}}{2}, \cosh \lambda t = \dfrac{e^{\lambda t} + e^{-\lambda t}}{2}$ の Laplace 変換がただちに得られる.

$$\begin{aligned}\mathcal{L}\{\sinh \lambda t\} &= \frac{1}{2}\left(\frac{1}{s-\lambda} - \frac{1}{s+\lambda}\right) = \frac{\lambda}{s^2 - \lambda^2} \\ \mathcal{L}\{\cosh \lambda t\} &= \frac{1}{2}\left(\frac{1}{s-\lambda} + \frac{1}{s+\lambda}\right) = \frac{s}{s^2 - \lambda^2}\end{aligned} \quad (5.71)$$

さらにこの結果で $\lambda = i\omega$ とおくと $\sinh(i\omega t) = i \sin \omega t, \cosh(i\omega t) = \cos \omega t$ により, 三角関数 $\sin \omega t, \cos \omega t$ の Laplace 変換が得られる.

$$\mathcal{L}\{\sin \omega t\} = \frac{\omega}{s^2 + \omega^2} \quad \mathcal{L}\{\cos \omega t\} = \frac{s}{s^2 + \omega^2} \quad (5.72)$$

さらに, ε, ω を実数として $\alpha = -\varepsilon + i\omega$ のとき, $\alpha^* = -\varepsilon - i\omega$

$$\begin{aligned}\mathcal{L}\{e^{\alpha t}\} &= \mathcal{L}\{e^{-\varepsilon t} \cos \omega t\} + i\mathcal{L}\{e^{-\varepsilon t} \sin \omega t\} \\ \mathcal{L}\{e^{\alpha^* t}\} &= \mathcal{L}\{e^{-\varepsilon t} \cos \omega t\} - i\mathcal{L}\{e^{-\varepsilon t} \sin \omega t\}\end{aligned} \quad (5.73)$$

であるから,

$$\begin{aligned}\mathcal{L}\{e^{-\varepsilon t} \cos \omega t\} &= \frac{\mathcal{L}\{e^{\alpha t}\} + \mathcal{L}\{e^{\alpha^* t}\}}{2} = \frac{1}{2}\left(\frac{1}{s-\alpha} + \frac{1}{s-\alpha^*}\right) \\ &= \frac{1}{2}\left(\frac{1}{s+\varepsilon-i\omega} + \frac{1}{s+\varepsilon+i\omega}\right) = \frac{s+\varepsilon}{(s+\varepsilon)^2 + \omega^2} \\ \mathcal{L}\{e^{-\varepsilon t} \sin \omega t\} &= \frac{\mathcal{L}\{e^{\alpha t}\} - \mathcal{L}\{e^{\alpha^* t}\}}{2i} = \frac{1}{2i}\left(\frac{1}{s-\alpha} - \frac{1}{s-\alpha^*}\right) \\ &= \frac{1}{2i}\left(\frac{1}{s+\varepsilon-i\omega} - \frac{1}{s+\varepsilon+i\omega}\right) = \frac{\omega}{(s+\varepsilon)^2 + \omega^2}\end{aligned} \quad (5.74)$$

多項式関数 t^n や $\cosh \lambda t, \cos \omega t$ においてパラメータ n, λ, ω を 0 とすると, いずれも $t > 0$ で 1, $t < 0$ で 0 となる関数を与えるが, これを特に Heviside 関数とよび $\theta(t)$ と表そう. $\theta(0) = 1$ としたいところだが, $t = 0$ では $\theta(t)$ は不連続なのでここでは定義しない. この Laplace 変換 $\Theta(s)$ は $1/s$ である.

5.2.3 Laplace変換の基本性質

$f(t)$ を時間軸で $a \geq 0$ だけずらした $f(t-a)$ に対し，$f(t-a) = 0$ $(t < a)$ に注意して，

$$\int_a^\infty dt e^{-st} f(t-a) = e^{sa} \int_0^\infty d(t-a) e^{-s(t-a)} f(t-a)$$
$$= e^{sa} \int_0^\infty d\tau e^{-s\tau} f(\tau) \tag{5.75}$$

であるから，

$$\mathcal{L}\{f(t-a)\} = e^{sa} \mathcal{L}\{f(t)\} \ (a \geq 0) \tag{5.76}$$

Laplace 変換の著しい性質として，関数 $f(t)$ の導関数 df/dt や積分関数 $f^{(-1)}(t) = \int_0^t d\tau f(\tau)$ の Laplace 変換が，元の関数 $f(t)$ の Laplace 変換 $F(s)$ を用いて，それぞれ

$$\mathcal{L}\left\{\frac{df(t)}{dt}\right\} = \int_0^\infty dt e^{-st} \frac{df(t)}{dt} = e^{-st} f(t)\Big|_0^\infty - \int_{-\infty}^\infty dt(-se^{-st}) f(t)$$
$$= sF(s) - f(0) \tag{5.77}$$

$$\mathcal{L}\left\{\int_0^t d\tau f(\tau)\right\} = \int_0^\infty dt e^{-st} \int_0^t d\tau f(\tau)$$
$$= \frac{e^{-st}}{-s} f^{(-1)}(t)\Big|_0^\infty - \int_0^\infty dt \frac{e^{-st}}{-s} f(t) = \frac{F(s) + f^{(-1)}(0)}{s} \tag{5.78}$$

となることである．時間軸上での「微分」と「積分」が，それぞれ，s 複素平面上での「s 倍」と「s 分の 1」になっている．これと変換の線形性を合わせると，時間軸上での微積分演算が s の有理演算になることを意味する．

いくつかの注意

(5.77) や (5.78) の公式は，Laplace 変換の実用性を決定づけるもので，$f(t)$ $(t \geq 0)$ が区分的に連続微分可能であれば全く問題なく使える．しかし，$f(t)$ が $e^{\alpha t}$ のような解析関数であっても，強制的に $f(t) = 0$ $(t < 0)$ としてしまうため $t = 0$ でのステップ状の不連続性を避けることができない．また，応用上重要なデルタ関数 $\delta(t)$ などを $f(t)$ として採用する際は公式の

5.2 Laplace 解析

成立条件をよく考えて使わなければ思わぬ矛盾に遭遇してしまうこともある．ここではこれらの点についてやや詳しく述べよう．

まず，公式で $f(0), f^{-1}(0)$ の計算をするときは，それぞれ

$$f(+0) \equiv \lim_{\varepsilon \to +0} f(\varepsilon), \quad f^{(-1)}(+0) \equiv \lim_{\varepsilon \to +0} \int_0^\varepsilon d\tau f(\tau) \tag{5.79}$$

を使わなければならない．それは Laplace 変換の対象となる関数は必ず $f(t) = 0$ ($t < 0$) であるためである．このためうっかり $f(0) = f(-0)$ と考えると初期条件が常に無視されてしまうので注意しよう．また $f^{(-1)}(+0)$ の値は，積分区間幅が 0 に近づく定積分の値なので連続か有限ステップ状不連続性をもつ関数の場合は 0 である．

次に，Dirac のデルタ関数 $\delta(t)$ や Heaviside 関数 $\theta(t)$ を取り扱うときである．例えば，次の公式

$$\frac{d\theta(t)}{dt} = \delta(t) \tag{5.80}$$

は直観的には十分通用するが，これに Laplace 変換の公式 (5.77) を適用すると，$\theta(+0) = 1$ であるから，

$$\mathcal{L}\left\{\frac{d\theta(t)}{dt}\right\} = s\Theta(s) - \theta(+0) = s\frac{1}{s} - 1 = 0 \tag{5.81}$$

となる．一方で $\delta(t)$ の Laplace 変換は

$$\mathcal{L}\{\delta(t)\} = \int_0^\infty dt e^{-st} \delta(t) = 1 \tag{5.82}$$

と定義されるので，あきらかに矛盾である．もし $\theta(+0) = 0$ なら (5.81) の矛盾は起きない．$\theta(+0) = 1$ は Heviside 関数の定義から揺るぎないし，(5.80) とセットで使うことも多い

$$\int_0^t d\tau \delta(\tau) = \theta(t) \tag{5.83}$$

において $t \to +0$ とすると，

$$\theta(+0) = \int_0^{+0} d\tau \delta(\tau) = 1 \tag{5.84}$$

とするのは理想的なデルタ関数 $\delta(t)$ にフィットするようにも感じられる．ところが，(5.83) に積分の Laplace 変換の公式 (5.78) を用いると，$f(t) = \delta(t), f^{(-1)}(+0) = \int_0^{+0} d\tau \delta(\tau) = \theta(+0) = 1$ であることに注意して，

$$\mathcal{L}\{\theta(t)\} = \mathcal{L}\left\{\int_0^t d\tau \delta(\tau)\right\} = \frac{\mathcal{L}\{\delta(t)\} + \int_0^{+0} d\tau \delta(\tau)}{s} = \frac{2}{s} \quad (5.85)$$

これは明らかに間違っている．

これらの矛盾や間違いは，通常の関数みることができないデルタ関数に対して (5.77),(5.78) を使うことから起こっている．超関数理論など高度な数学的理論を使わずに，ある程度これらの事情を説明してみることにしよう．そのためには，パラメータをもつ関数でデルタ関数を近似する．これは，難解な理論を避けるための苦肉の策というより，信号処理などで現実の物理的対象を扱う場合にはこのような近似関数を用いるので，むしろ現実に即したものなのである．

さて，$\varepsilon > 0$ を正のパラメータとする方形波関数

$$\delta_\varepsilon(t) \equiv \frac{1}{\varepsilon}\{\theta(t) - \theta(t-\varepsilon)\} = \begin{cases} 0 & (t < 0, \varepsilon < t) \\ 1/\varepsilon & (0 < t < \varepsilon) \end{cases} \quad (5.86)$$

を考えよう．ここに $\theta(t)$ は理想的な Heaviside 関数である．これは $\varepsilon > 0$ が有限である限り $t = 0, \varepsilon$ でステップ状の不連続性をもつだけである．$\varepsilon \to +0$ のときは理想的なデルタ関数になると考えられる．Fourier 変換のときも極限でデルタ関数になる関数 $\delta_R(t) = \sin Rt/(\pi t)$ がでてきたが，Laplace 変換では常に $t < 0$ で 0 の関数を取り扱うので $\delta_R(t)$ のようなグラフが左右対称の関数を用いることはできない．どうしても使う場合は，強制的に $t < 0$ で 0 にしてその代わり $d_R(t) = 2\delta_R(t)$ を $t \geqq 0$ での定義とすればよい．

さて 2 点で有限ステップ状の不連続性をもつだけのほぼ連続な関数 $\delta_\varepsilon(x)$ の積分関数として

$$\theta_\varepsilon(t) \equiv \int_0^t d\tau \delta_\varepsilon(\tau) \quad (5.87)$$

を定義する．これは区分的に連続微分可能な関数であり，通常の微積分公

5.2 Laplace 解析

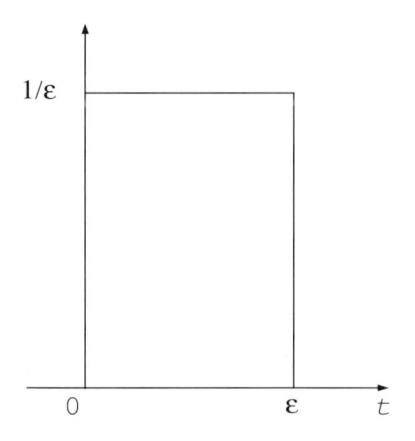

図 5.4 $\delta_\varepsilon(t) = \dfrac{\theta(t) - \theta(t-\varepsilon)}{\varepsilon}$ のグラフ

式が成り立つ．実際，$\theta_\varepsilon(t) = 0\ (t < 0, \varepsilon < t)$ であり，$0 < t < \varepsilon$ のとき，

$$\theta_\varepsilon(t) = \int_0^t \frac{d\tau}{\varepsilon} = \frac{t}{\varepsilon} \tag{5.88}$$

であるから，理想的な Heaviside 関数をもちいて一つの式にまとめると

$$\theta_\varepsilon(t) = \frac{t}{\varepsilon}\{\theta(t) - \theta(t-\varepsilon)\} + \theta(t-\varepsilon) \tag{5.89}$$

となる．このグラフは図 5.5 のようになり，確かにそうなっている．

理想的な Heavisdide 関数 $\theta(t)$ と $\theta(t-\varepsilon)$ の Laplace 変換はそれぞれ $\mathcal{L}\{\theta(t)\} = 1/s, \mathcal{L}\{\theta(t-\varepsilon)\} = e^{s\varepsilon}/s$ であるから，

$$\mathcal{L}\{\delta_\varepsilon(t)\} = \frac{1}{\varepsilon}\left\{\frac{1}{s} - \frac{e^{s\varepsilon}}{s}\right\} = \frac{1 - e^{s\varepsilon}}{s\varepsilon} \tag{5.90}$$

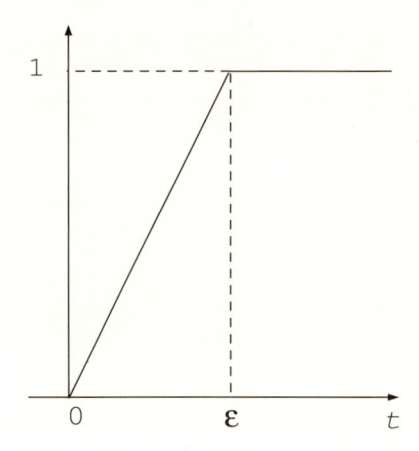

図 5.5　$\theta_\varepsilon(t) = \frac{t}{\varepsilon}\{\theta(t) - \theta(t - \varepsilon)\} + \theta(t - \varepsilon)$ のグラフ

また $\theta_\varepsilon(t) = \begin{cases} t/\varepsilon & (0 \leqq t < \varepsilon) \\ 1 & (\varepsilon < t) \end{cases}$ であるから，

$$\begin{aligned}
\Theta_\varepsilon(s) = \mathcal{L}\{\theta_\varepsilon(t)\} &= \frac{1}{\varepsilon}\int_0^\varepsilon dt\, t e^{-st} + \int_\varepsilon^\infty dt\, e^{-st} \\
&= \frac{1}{\varepsilon}\left(t\frac{e^{-st}}{-s}\Big|_0^\varepsilon - \int_0^\varepsilon dt\frac{e^{-st}}{-s}\right) + \frac{e^{-st}}{-s}\Big|_\varepsilon^\infty \\
&= \frac{1}{\varepsilon}\left(\frac{\varepsilon e^{-st}}{-s} - \frac{e^{-st}}{(-s)^2}\Big|_0^\varepsilon\right) + \frac{e^{-s\varepsilon}}{s} = \frac{1}{\varepsilon}\left(\frac{\varepsilon e^{-st}}{-s} - \frac{e^{-s\varepsilon} - 1}{s^2}\right) + \frac{e^{-s\varepsilon}}{s} \\
&= \frac{1 - e^{-s\varepsilon}}{s^2\varepsilon}
\end{aligned} \tag{5.91}$$

さて，これらの計算結果を並べてみると，

$$\delta_\varepsilon(t) = \frac{\theta(t) - \theta(t - \varepsilon)}{\varepsilon}, \quad \mathcal{L}\{\delta_\varepsilon(t)\} = \frac{1 - e^{-s\varepsilon}}{s\varepsilon}$$

$$\theta_\varepsilon(t) = \int_0^t d\tau\, \delta_\varepsilon(\tau) = \frac{t\{\theta(t) - \theta(t - \varepsilon)\}}{\varepsilon} + \theta(t - \varepsilon)$$

$$\mathcal{L}\{\theta_\varepsilon(t)\} = \frac{1 - e^{-s\varepsilon}}{s^2\varepsilon}$$

となる．$\varepsilon > 0$ を有限に保つ限り，$\delta_\varepsilon(t), \theta_\varepsilon(t)$ は $t = 0, \varepsilon$ においてステップ状の不連続性，微分不可能性を持つ以外は連続微分可能な関数であるので，

5.2 Laplace 解析

(5.77),(5.78) は当然成り立つ.

$$\mathcal{L}\left\{\frac{d\theta_\varepsilon(t)}{dt}\right\} = s\mathcal{L}\{\theta_\varepsilon(t)\} - \theta_\varepsilon(+0)$$
$$\mathcal{L}\left\{\int_0^t d\tau \delta_\varepsilon(\tau)\right\} = \frac{\mathcal{L}\{\delta_\varepsilon(t)\} + \int_0^{+0} d\tau \delta_\varepsilon(\tau)}{s} \quad (5.92)$$

実際これらの式は,

$$\frac{d\theta_\varepsilon(t)}{dt} = \delta_\varepsilon(t),\ \theta_\varepsilon(t) = \int_0^t d\tau \delta_\varepsilon(\tau)$$
$$\theta_\varepsilon(+0) = \theta(-\varepsilon) = 0,\ \int_0^{+0} d\tau \delta_\varepsilon(\tau) = \theta_\varepsilon(+0) = 0 \quad (5.93)$$

により,

$$\mathcal{L}\left\{\frac{d\theta_\varepsilon(t)}{dt}\right\} = \mathcal{L}\{\delta_\varepsilon(t)\} = s\mathcal{L}\{\theta_\varepsilon(t)\}$$
$$\mathcal{L}\left\{\int_0^t d\tau \delta_\varepsilon(\tau)\right\} = \mathcal{L}\{\theta_\varepsilon(t)\} = \frac{\mathcal{L}\{\delta_\varepsilon(t)\}}{s}$$

となるが, これらはいずれも $\mathcal{L}\{\delta_\varepsilon(t)\} = s\mathcal{L}\{\theta_\varepsilon(t)\}$ を意味する. 先の計算結果 $\mathcal{L}\{\delta_\varepsilon(t)\} = (1 - e^{-s\varepsilon})/(s\varepsilon), \mathcal{L}\{\theta_\varepsilon(t)\} = (1 - e^{-s\varepsilon})/(s^2\varepsilon)$ により明らかに成り立つ.

ここまでは有限個の点で有限ステップ状をもつほぼ連続微分可能な関数の微積分で何も問題はない. $\varepsilon \to +0$ の極限をとるとき, $\lim_{\varepsilon \to +0} \delta_\varepsilon(t) = \delta(t), \lim_{\varepsilon \to +0} \theta_\varepsilon(t) = \theta(t)$ となるので,

$$\lim_{\varepsilon \to +0} \frac{\theta(t) - \theta(t-\varepsilon)}{\varepsilon} = \frac{d\theta(t)}{dt} \quad (5.94)$$
$$e^{-s\varepsilon} = 1 - s\varepsilon + o(\varepsilon)\ (\varepsilon \to +0) \quad (5.95)$$

に注意すると,

$$\delta(t) = \frac{d\theta(t)}{dt}, \quad \mathcal{L}\{\delta(t)\} = 1$$
$$\theta(t) = \int_0^t d\tau \delta(\tau) = t\frac{d\theta(t)}{dt} + \theta(t), \quad \mathcal{L}\{\theta(t)\} = \frac{1}{s}$$

が得られる．$t\delta(t) = 0$ に注意すれば，これらは形式的に妥当な結果を与えている．しかし，極限をとる前後で明確に値が変わってしまうのが

$$\theta_\varepsilon(+0) = \int_0^{+0} d\tau \delta_\varepsilon(\tau) = \theta(-\varepsilon) = 0, \ \theta(+0) = \int_0^{+0} d\tau \delta(\tau) = 1 \quad (5.96)$$

である．その原因は，$\delta_\varepsilon(t) = d\theta_\varepsilon(t)/dt$ の $t = 0, \varepsilon$ における特異性が有限ステップ状不連続であったのに対し，$\delta(t) = d\theta(t)/dt$ の $t = 0$ における特異性が無限大に発散する不連続性に格上げされたことによる．$\delta(t) = d\theta(t)/dt$ に対して，(5.77),(5.78) を用いることはできないのである．これが先の矛盾や間違いの原因である．

5.2.4 Heaviside 関数の Fourier 変換

Laplace 変換を利用して，Heaviside 関数 $\theta(t) = \begin{cases} 1 & (t > 0) \\ 0 & (t < 0) \end{cases}$ の Fourier 変換を求めてみよう．$\theta(t)$ は絶対可積分でないから普通の意味でその Fourier 変換は存在しないが，超関数として求めることができる．

まず，次の定積分を証明しよう．

$$\int_0^\infty \frac{\sin ax}{x} dx = \frac{\pi}{2} \frac{a}{|a|} \ (a \neq 0) \quad (5.97)$$

まず，$1/x \ (x > 0)$ は Heaviside 関数 $\theta(t)$ の Laplace 変換 $\Theta(s) = 1/s$ で $s = x > 0$ とおいたものであるから，

$$\frac{1}{x} = \int_0^\infty dt e^{-xt} \ (x > 0) \quad (5.98)$$

とかける．よって，

$$\begin{aligned}\int_0^\infty \frac{\sin ax}{x} dx &= \int_0^\infty dx \sin ax \int_0^\infty dt e^{-xt} \\ &= \int_0^\infty dt \int_0^\infty dx e^{-tx} \sin ax\end{aligned} \quad (5.99)$$

さらにここで，$\int_0^\infty dx e^{-tx} \sin ax$ は $\mathcal{L}\{\sin at\} = a/(s^2+a^2)$ で $s = t > 0$ とおいたものだから，

$$\begin{aligned}
\int_0^\infty \frac{\sin ax}{x} dx &= \int_0^\infty dt \frac{a}{t^2+a^2} = \int_0^\infty d(t/|a|) \frac{a/|a|}{(t/|a|)^2+1} \\
&= \frac{a}{|a|} \int_0^\infty \frac{dy}{y^2+1} = \frac{a}{|a|} [\arctan y]_0^\infty = \frac{a}{|a|} \frac{\pi}{2}
\end{aligned} \qquad (5.100)$$

これで示された．

この積分公式を次のように書きなおす．ε を無限小の正の数，R を無限大の正の数として，

$$\begin{aligned}
\frac{\pi}{2} \frac{t}{|t|} &= \int_0^\infty \frac{\sin \omega t}{\omega} d\omega = \frac{1}{2} \int_\varepsilon^R d\omega \frac{e^{i\omega t} - e^{-i\omega t}}{i\omega} \\
&= \frac{1}{2} \int_\varepsilon^R d\omega \frac{e^{i\omega t}}{i\omega} - \frac{1}{2} \int_{-\varepsilon}^{-R} d(-\omega) \frac{e^{i(-\omega)t}}{i(-\omega)} \\
&= \frac{1}{2} \int_\varepsilon^R d\omega \frac{e^{i\omega t}}{i\omega} + \frac{1}{2} \int_{-R}^{-\varepsilon} d\omega \frac{e^{i\omega t}}{i\omega} \\
&= \frac{1}{2i} \int_{\varepsilon \leq |\omega| \leq R} d\omega e^{i\omega t} \frac{1}{\omega}
\end{aligned} \qquad (5.101)$$

この積分は Cauchy の主値である．

$$\int_{-\infty}^\infty d\omega e^{\omega t} \text{P.V.} \frac{1}{\omega} \qquad (5.102)$$

したがって，

$$\int_{-\infty}^\infty \frac{d\omega}{2\pi} e^{i\omega t} \text{P.V.} \frac{1}{i\omega} = \frac{t}{2|t|} \qquad (5.103)$$

となる．この両辺に

$$\int_{-\infty}^\infty \frac{d\omega}{2\pi} \pi \delta(\omega) e^{i\omega t} = \frac{1}{2} \qquad (5.104)$$

を加えると，右辺 $\theta(t) = \frac{t}{2|t|} + \frac{1}{2}$ になるが，これは Heviside 関数 $\theta(t)$ になるから，

$$\int_{-\infty}^\infty \frac{d\omega}{2\pi} e^{i\omega t} \left\{ \text{P.V.} \frac{1}{i\omega} + \pi \delta(\omega) \right\} = \theta(t) \qquad (5.105)$$

$\theta(t) = \int_{-\infty}^\infty \frac{d\omega}{2\pi} e^{i\omega t} \Theta(\omega)$ と比べて，

$$\Theta(\omega) = \int_{-\infty}^{\infty} dt\, e^{-i\omega t} \theta(t) = \int_{0}^{\infty} dt\, e^{-i\omega t} = \text{P.V.} \frac{1}{i\omega} + \pi\delta(\omega) \qquad (5.106)$$

となる.

一般に, $f(t)$ の Laplace 変換 $F(s)$ において $s = i\omega$ とすると, $f(t)$ の Fourier 変換が得られる. ただし $f(t) = 0$ $(t < 0)$ である. この方法で Heaviside 関数 $\theta(t)$ の Fourier 変換 $\Theta(\omega)$ を求めてみよう. まず, $\Theta(s) = 1/s$ において $s = \sigma + i\omega$ $(\sigma > 0)$ とすると,

$$\begin{aligned}\Theta(\sigma + i\omega) &= \frac{1}{\sigma + i\omega} = \frac{\sigma - i\omega}{\sigma^2 + \omega^2} \\ &= \pi\delta_\sigma(\omega) + \frac{\omega}{i(\omega^2 + \sigma^2)}\end{aligned} \qquad (5.107)$$

σ はこの式の意味をつかんだ後 $\sigma \to +0$ とする.

まず $\Theta(\sigma + i\omega)$ の実部 $\pi\delta_\sigma(\omega)$ を考察してみよう. $\omega \neq 0$ のとき $\delta_\sigma(\omega) = \frac{1}{\pi}\frac{\sigma}{\omega^2 + \sigma^2} \to 0 (\sigma \to +0)$ かつ $\delta_\sigma(0) = \frac{1}{\pi\sigma} \to \infty$ $(\sigma \to +0)$ であり, さらに

$$\begin{aligned}\int_{-\infty}^{\infty} d\omega \frac{1}{\pi} \frac{\sigma}{\omega^2 + \sigma^2} &= \frac{1}{\pi}\int_{-\infty}^{\infty} \frac{d(\omega/\sigma)}{(\omega/\sigma)^2 + 1} \\ &= \frac{1}{\pi} \arctan(\omega/\sigma)\Big|_{-\infty}^{\infty} = \frac{1}{\pi}\left(\frac{\pi}{2} + \frac{\pi}{2}\right) = 1\end{aligned} \qquad (5.108)$$

であるから

$$\lim_{\sigma \to +0} \delta_\sigma(\omega) = \delta(\omega) \qquad (5.109)$$

となる.

次に $\Theta(\sigma + i\omega)$ の虚部 $\omega/(\omega^2 + \sigma^2)$ と $\omega = 0$ で連続な関数 $f(\omega)$ をかけて $(-\infty, \infty)$ で積分するとしよう. そのとき積分区間を $(-\infty, \infty) = (-\infty, -\varepsilon] \cup [-\varepsilon, \varepsilon] \cup [\varepsilon, \infty)$ のように分割する.

$$\begin{aligned}&\int_{-\infty}^{\infty} d\omega f(\omega) \frac{\omega}{\omega^2 + \sigma^2} \\ &= \left(\int_{-\infty}^{-\varepsilon} + \int_{\varepsilon}^{\infty}\right) d\omega f(\omega) \frac{\omega}{\omega^2 + \sigma^2} + \int_{-\varepsilon}^{\varepsilon} d\omega f(\omega) \frac{\omega}{\omega^2 + \sigma^2}\end{aligned} \qquad (5.110)$$

ここで ε を十分小さくとると, 第 1 項は Cauchy の主値になり, 第 2 項については, $f(\omega)$ の $\omega = 0$ 近傍における連続性により $[-\varepsilon, \varepsilon]$ において $f(\omega) \simeq f(0)$

であること，$\omega/(\omega^2+\sigma^2)$ は奇関数だから $[-\varepsilon,\varepsilon]$ における積分は 0 になることから $\int_{-\varepsilon}^{\varepsilon} d\omega f(\omega) \frac{\omega}{\omega^2+\sigma^2} \simeq f(0) \int_{-\varepsilon}^{\varepsilon} d\omega \frac{\omega}{\omega^2+\sigma^2} = 0$ になる．結局，

$$\int_{-\infty}^{\infty} d\omega f(\omega) \frac{\omega}{\omega^2+\sigma^2} = \text{P.V.} \int_{-\infty}^{\infty} d\omega f(\omega) \frac{\omega}{\omega^2+\sigma^2} \tag{5.111}$$

となる．したがって，

$$\lim_{\sigma \to +0} \text{P.V.} \frac{\omega}{\omega^2+\sigma^2} = \text{P.V.} \frac{1}{\omega} \tag{5.112}$$

である．

こうして

$$\Theta(\sigma + i\omega) = \pi \delta_\sigma(\omega) + \text{P.V.} \frac{\omega}{i(\omega^2+\sigma^2)} \tag{5.113}$$

となり，$\sigma \to +0$ とすれば，$\Theta(\omega)$ の表式 (5.106) が得られる．

5.2.5 線形システム解析

Fourier 変換や Laplace 変換は線形システムの解析，制御・設計に重要な基本的手法である．ここで，線形システムについて少し一般的に考えてみよう．

信号 $x(t)$ をシステム F に入力すると信号 $y(t)$ が出力されるとしよう．

$$y = F\{x\} \tag{5.114}$$

このように書くと，F は値 x に対する値 y への対応，すなわち F は関数であると見えてしまうが，そう単純ではない．$x(t), y(t)$ はすべての時刻 t における x, y の値の集合である．例えば値 $y(t_1)$ は値 $x(t_1)$ のみによって決まるということではなくて，一般に集合 $\{x(t)|t \in D\}$（D は t の関数 $x(t)$ の定義域の部分集合）によって決まる．具体的に (5.114) は，例えば

$$y(t) = \int_0^t x(\tau)\,d\tau \ (t \geqq 0) \tag{5.115}$$

であったり，

$$y(t) = \frac{d}{dt}x(t) \tag{5.116}$$

であったりする．前者の例では，積分の定義

$$\int_0^t x(\tau)\,d\tau \equiv \lim_{n\to\infty}\sum_{i=1}^n x(\tau_i)(t_i - t_{i-1}) \tag{5.117}$$

を考えれば分かるように，$y(t)$ の値は値 $x(t)$ だけでなく，無限個の $x(\tau_1), x(\tau_2), \cdots$ ($\tau_i \in [t_{i-1}, t_i], 0 \leq t_1 \leq t_2 \leq \cdots \leq t$) に依存する．後者の例では，微分の定義

$$\frac{d}{dt}x(t) \equiv \lim_{\delta\to 0}\frac{x(t+\delta)-x(t)}{\delta} \tag{5.118}$$

を考えれば分かるように，$y(t)$ の値は値 $x(t)$ だけでなく，t の近くの t' における値 $x(t')$ すべてに依存する．したがって，F は信号 $x(t)$ の特定の値だけでなく，定義域のすべて t における値全体に作用する演算子(作用素)のように考えなくてはならない．

信号に対する演算子 F は，先に挙げた積分演算や微分演算のように線形であるとしよう．すなわち，任意の2つの入力信号 $x_1(t), x_2(t)$ と任意の2つ定数の定数 λ_1, λ_2 に対し，入力信号

$$x(t) = \lambda_1 x_1(t) + \lambda_2 x_2(t) \tag{5.119}$$

に対する出力信号 $y(t)$ が

$$y(t) = \lambda_1 F\{x_1(t)\} + \lambda_2 F\{x_2(t)\} \tag{5.120}$$

であるとする．線形性というこの簡明な性質は，システムの解析を数学的に容易にする．もちろん，実際のシステムはこのような線形性を持たないことが多いが，近似的にこのような性質を仮定してもよい場合もある．

次の具体的な線形システムを考えよう．ε, Ω は $\Omega > \varepsilon$ を満たす正の定数として，入力 $x(t)$ に対する出力 $y(t)$ が次の初期条件と微分方程式で与えられる：

$$\begin{aligned} &y(0) = y_0,\ \left.\frac{dy}{dt}\right|_{t=0} = v_0 \\ &\frac{d^2}{dt^2}y(t) + 2\varepsilon\frac{d}{dt}y(t) + \Omega^2 y(t) = x(t)\ (t \geq 0) \end{aligned} \tag{5.121}$$

(3.12) において，複素振幅の方法を使って，複素電圧 $e(t) = E\sin\omega t$ に対する応答を $i(t) = E\sin(\omega t - \delta)/\sqrt{R^2 + (\omega L - 1/\omega C)^2}$ $\tan\delta = R/(\omega L - 1/\omega C)$ を求めた．この応答は初期条件を無視して得た強制振動解である．定常的な状態に興味があるのならこれでよいが，実際の電源電圧は，

$$e(t) = \begin{cases} E\sin\omega t & (0 \leq t \leq T) \\ 0 & (t < 0, T < t) \end{cases}$$

のような変化をするかもしれない．このような場合に，初期条件なども考慮して，定常状態に落ち着くまでの過渡的状態をも解析したいとき，Fourier 変換を多少変形した Laplace 変換がよく使われる．Fourier 変換は複素振幅の方法の拡張のように見える．だからといって Fourier 変換が過渡応答を解析できないわけではない．ただ，Laplace 変換の方が初期条件など過渡応答に必要な条件を取り込み易いといえる．

直接解法

(5.121) を Laplace 変換で解く前に，Fourier 変換や Laplace 変換を用いない，直接的な系の解析法でといてみる．それは微分方程式などを直接に解くことになるが，それはそれで重要な手法を体験できたりするので，十分やってみる価値がある．それらの方法はその問題にしか適用できなかったりするので，Fourier-Laplace の方法で解き直してみるとこの方法がより適用範囲が広く一般的な手法になっているかを感じることができる．

(5.121) は定数係数 2 階線形常微分方程式である．定数係数 2 階線形常微分方程式の最も一般的な形は，a, b を定数，$f(t)$ を与えられた既知関数とするとき，未知関数 x の満たす次のような微分方程式である：

$$\frac{d^2x}{dt^2} + a\frac{dx}{dt} + bx = f(t) \tag{5.122}$$

(5.121) は $x = y, a = 2\varepsilon > 0, b = \Omega^2 > 0, a^2 - 4b = 4(\varepsilon^2 - \Omega^2) < 0$ とした場合である．

今解こうとしている定係数線形常微分方程式は2次であるが，もっと高次である場合の一般的取り扱いを視野に入れて考えよう．それは方程式系を正規形と呼ばれる形に変形することである．それは次のように，高次の常微分方程式を1次の連立微分方程式に書き換えることである．$x_1 = x, x_2 = dx/dt$ とおくと，$dx_1/dt = dx/dt = x_2, dx_2/dt = d^2x/dt^2 = -adx/dt - bx + f(t) = -ax_2 - bx_1 + f(t)$ であるから

$$\begin{cases} \dfrac{dx_1}{dt} = x_2 \\ \dfrac{dx_2}{dt} = -bx_1 - ax_2 + f(t) \end{cases} \tag{5.123}$$

次数が1になった代わりに未知変数が増えた．ベクトル $\boldsymbol{x} = \begin{bmatrix} x_1 \\ x_2 \end{bmatrix}, \boldsymbol{f}(t) = \begin{bmatrix} 0 \\ f(t) \end{bmatrix}$ と2次正方行列 $A = \begin{bmatrix} 0 & 1 \\ -b & -a \end{bmatrix}$ を用いて

$$\frac{d\boldsymbol{x}}{dt} = A\boldsymbol{x} + \boldsymbol{f}(t) \tag{5.124}$$

となる．

まず，$f(t) \equiv 0$ の場合を考えよう．このとき，(5.124) は同次形の方程式

$$\frac{d\boldsymbol{x}}{dt} = A\boldsymbol{x} \tag{5.125}$$

となる．この解は，定ベクトル $\boldsymbol{C}$ を用いて

$$\boldsymbol{x} = e^{tA}\boldsymbol{C} \tag{5.126}$$

とかける．ここに，e^{tA} は指数行列

$$e^{tA} = I + tA + \frac{t^2}{2!}A^2 + \cdots + \frac{t^n}{n!}A^n + \cdots \tag{5.127}$$

である．ここに，$I = \begin{bmatrix} 1 & 0 \\ 0 & 1 \end{bmatrix}$ は2次単位行列である．この行列の指数関数 e^{tA} は通常の指数関数と同様な性質

$$\frac{d}{dt}e^{tA} = Ae^{tA}, \ (e^{tA})^{-1} = e^{-tA} \tag{5.128}$$

などを持っている．非同次形方程式 (5.124) の解を,

$$x = e^{tA}C(t) \tag{5.129}$$

の形に仮定する．いわゆる定数変化法である．すると,

$$\frac{dx}{dt} = Ae^{tA}C(t) + e^{tA}\frac{dC(t)}{dt} = Ax + e^{tA}\frac{dC(t)}{dt} \tag{5.130}$$

(5.124) と比べると,

$$e^{tA}\frac{dC(t)}{dt} = f(t) \quad \therefore \quad \frac{dC(t)}{dt} = e^{-tA}f(t) \tag{5.131}$$

$x(0) = C(0)$ に注意して積分すると,

$$C(t) = x(0) + \int_0^t d\tau e^{-\tau A}f(\tau) \tag{5.132}$$

(5.129) に代入して,

$$\begin{aligned} x(t) &= e^{tA}\left(x(0) + \int_0^t d\tau e^{-\tau A}f(\tau)\right) \\ &= e^{tA}x(0) + \int_0^t d\tau e^{(t-\tau)A}f(\tau) \end{aligned} \tag{5.133}$$

e^{tA} の具体的な成分を求めよう．A の固有多項式は

$$|\lambda I - A| = \begin{vmatrix} \lambda & -1 \\ b & \lambda + a \end{vmatrix} = \lambda^2 + a\lambda + b \tag{5.134}$$

この根を λ_1, λ_2 とする；

$$\lambda_1 = \frac{-a + \sqrt{a^2 - 4b}}{2}, \quad \lambda_2 = \frac{-a - \sqrt{a^2 - 4b}}{2} \tag{5.135}$$

<u>$\lambda_1 \neq \lambda_2$ すなわち $a^2 - 4b \neq 0$ のとき</u>：2 つの 1 次独立な固有ベクトル $\begin{bmatrix} 1 \\ \lambda_1 \end{bmatrix}$, $\begin{bmatrix} 1 \\ \lambda_2 \end{bmatrix}$ を列ベクトルとする行列

$$P = \begin{bmatrix} 1 & 1 \\ \lambda_1 & \lambda_2 \end{bmatrix} \tag{5.136}$$

は正則で,

$$P^{-1} = \frac{1}{\lambda_2 - \lambda_1} \begin{bmatrix} \lambda_2 & -1 \\ -\lambda_1 & 1 \end{bmatrix}, \quad P^{-1}AP = \begin{bmatrix} \lambda_1 & 0 \\ 0 & \lambda_2 \end{bmatrix} \tag{5.137}$$

となる．対角行列 $P^{-1}AP$ の n 乗は簡単に計算できる：

$$(P^{-1}AP)^n = P^{-1}A^n P = \begin{bmatrix} \lambda_1^n & 0 \\ 0 & \lambda_2^n \end{bmatrix} \tag{5.138}$$

これを用いると,

$$\begin{aligned} P^{-1}e^{tA}P &= P^{-1}\left(\sum_{n=0}^{\infty} \frac{t^n}{n!} A^n\right) P = \sum_{n=0}^{\infty} \frac{t^n}{n!}(P^{-1}AP)^n \\ &= \sum_{n=0}^{\infty} \frac{t^n}{n!}\begin{bmatrix} \lambda_1^n & 0 \\ 0 & \lambda_2^n \end{bmatrix} = \begin{bmatrix} \sum_{n=0}^{\infty}\frac{(\lambda_1 t)^n}{n!} & 0 \\ 0 & \sum_{n=0}^{\infty}\frac{(\lambda_2 t)^n}{n!} \end{bmatrix} = \begin{bmatrix} e^{\lambda_1 t} & 0 \\ 0 & e^{\lambda_2 t} \end{bmatrix} \end{aligned} \tag{5.139}$$

よって,

$$\begin{aligned} e^{tA} &= P \begin{bmatrix} e^{\lambda_1 t} & 0 \\ 0 & e^{\lambda_2 t} \end{bmatrix} P^{-1} \\ &= \frac{1}{\lambda_2 - \lambda_1} \begin{bmatrix} 1 & 1 \\ \lambda_1 & \lambda_2 \end{bmatrix} \begin{bmatrix} e^{\lambda_1 t} & 0 \\ 0 & e^{\lambda_2 t} \end{bmatrix} \begin{bmatrix} \lambda_2 & -1 \\ -\lambda_1 & 1 \end{bmatrix} \\ &= \frac{1}{\lambda_2 - \lambda_1} \begin{bmatrix} 1 & 1 \\ \lambda_1 & \lambda_2 \end{bmatrix} \begin{bmatrix} \lambda_2 e^{\lambda_1 t} & -e^{\lambda_1 t} \\ -\lambda_1 e^{\lambda_2 t} & e^{\lambda_2 t} \end{bmatrix} \\ &= \frac{1}{\lambda_2 - \lambda_1} \begin{bmatrix} \lambda_2 e^{\lambda_1 t} - \lambda_1 e^{\lambda_2 t} & e^{\lambda_2 t} - e^{\lambda_1 t} \\ -\lambda_1 \lambda_2 (e^{\lambda_2 t} - e^{\lambda_1 t}) & \lambda_2 e^{\lambda_2 t} - \lambda_1 e^{\lambda_1 t} \end{bmatrix} \end{aligned} \tag{5.140}$$

すなわち

$$e^{tA} = \begin{bmatrix} \dfrac{\lambda_2 e^{\lambda_1 t} - \lambda_1 e^{\lambda_2 t}}{\lambda_2 - \lambda_1} & \dfrac{e^{\lambda_2 t} - e^{\lambda_1 t}}{\lambda_2 - \lambda_1} \\ -\lambda_1 \lambda_2 \dfrac{e^{\lambda_2 t} - e^{\lambda_1 t}}{\lambda_2 - \lambda_1} & \dfrac{\lambda_2 e^{\lambda_2 t} - \lambda_1 e^{\lambda_1 t}}{\lambda_2 - \lambda_1} \end{bmatrix} \tag{5.141}$$

5.2 Laplace 解析

$\lambda_1 = \lambda_2$ すなわち $a^2 - 4b = 0$ のとき：先の結果で，$\lambda_1 = \lambda, \lambda_2 = \lambda + \delta\lambda$ とおいて $\delta\lambda \to 0$ とする；

$$e^{tA} = \begin{bmatrix} e^{\lambda t}\dfrac{\lambda + \delta\lambda - \lambda e^{\delta\lambda t}}{\delta\lambda} & e^{\lambda t}\dfrac{e^{\delta\lambda t} - 1}{\delta\lambda} \\ -(\lambda^2 + \lambda\delta\lambda)e^{\lambda t}\dfrac{e^{\delta\lambda t} - 1}{\delta\lambda} & e^{\lambda t}\dfrac{(\lambda + \delta\lambda)e^{\delta\lambda t} - \lambda}{\delta\lambda} \end{bmatrix}$$

$$= \begin{bmatrix} e^{\lambda t}\left(1 - \lambda\dfrac{e^{\delta\lambda t} - 1}{\delta\lambda}\right) & e^{\lambda t}\dfrac{e^{\delta\lambda t} - 1}{\delta\lambda} \\ -(\lambda^2 + \lambda\delta\lambda)e^{\lambda t}\dfrac{e^{\delta\lambda t} - 1}{\delta\lambda} & e^{\lambda t}\left(e^{\delta\lambda t} + \lambda\dfrac{e^{\delta\lambda t} - 1}{\delta\lambda}\right) \end{bmatrix} \quad (5.142)$$

$$\to \begin{bmatrix} e^{\lambda t}(1 - \lambda t) & te^{\lambda t} \\ -\lambda^2 te^{\lambda t} & e^{\lambda t}(1 + \lambda t) \end{bmatrix} = e^{\lambda t}\begin{bmatrix} 1 - \lambda t & t \\ -\lambda^2 t & 1 + \lambda t \end{bmatrix} \quad (\delta\lambda \to 0)$$

これは次のようにして直接導くこともできる．$\lambda_1 = \lambda_2 = \lambda$ とおくと，$\lambda = -\dfrac{a}{2}, b = \dfrac{a^2}{4}$ であるから，$a = -2\lambda, b = \lambda^2$. よって，

$$A - \lambda I = \begin{bmatrix} -\lambda & 1 \\ -b & -\lambda - a \end{bmatrix} = \begin{bmatrix} -\lambda & 1 \\ -\lambda^2 & \lambda \end{bmatrix}$$

これを N とおくと Hamilton-Cayley の定理より $N^2 = 0$. よって $n \geqq 2$ のとき $N^n = 0$. λI と A は積に関して可換であるから，2項定理を用いて $n \geqq 2$ のとき

$$A^n = (\lambda I + N)^n = \lambda^n I + n\lambda^{n-1} N + \sum_{\nu=2}^{n}\binom{n}{\nu}\lambda^{n-\nu}N^\nu$$

$$= \lambda^n I + n\lambda^{n-1} N = \begin{bmatrix} \lambda^n & 0 \\ 0 & \lambda^n \end{bmatrix} + n\lambda^{n-1}\begin{bmatrix} -\lambda & 1 \\ -\lambda^2 & \lambda \end{bmatrix} \quad (5.143)$$

$$= \begin{bmatrix} -(n-1)\lambda^n & n\lambda^{n-1} \\ -n\lambda^{n+1} & (n+1)\lambda^n \end{bmatrix}$$

これは $n=1$ のときも成り立つ．したがって，

$$\begin{aligned} e^{tA} &= \sum_{n=0}^{\infty} \frac{t^n}{n!} A^n = \sum_{n=0}^{\infty} \frac{t^n}{n!} (\lambda^n I + n\lambda^{n-1} N) \\ &= \sum_{n=0}^{\infty} \frac{(\lambda t)^n}{n!} I + \sum_{n=0}^{\infty} \frac{t^n}{n!} n\lambda^{n-1} N \\ &= \sum_{n=0}^{\infty} \frac{(\lambda t)^n}{n!} I + \left(\sum_{n=1}^{\infty} \frac{(\lambda t)^{n-1}}{(n-1)!} \right) tN = e^{\lambda t}(I + tN) \\ &= \begin{bmatrix} e^{\lambda t}(1-\lambda t) & te^{\lambda t} \\ -\lambda^2 te^{\lambda t} & e^{\lambda t}(1+\lambda t) \end{bmatrix} \end{aligned} \quad (5.144)$$

$a = 2\varepsilon > 0, b = \Omega^2 > 0, \varepsilon < \Omega$ とすると，$\omega = \sqrt{\Omega^2 - \varepsilon^2}$ とおいて，

$$\lambda_1 = -\varepsilon + i\omega, \ \lambda_2 = -\varepsilon - i\omega \quad (5.145)$$

であるから，

$$\begin{aligned} &\lambda_2 - \lambda_1 = -2i\omega, \ \lambda_1 \lambda_2 = \varepsilon^2 + \omega^2 = \Omega^2 \\ &e^{\lambda_2 t} - e^{\lambda_1 t} = e^{-\varepsilon t}(e^{-i\omega t} - e^{i\omega t}) = -2ie^{-\varepsilon t} \sin \omega t \\ &\lambda_2 e^{\lambda_1 t} - \lambda_1 e^{\lambda_2 t} = (-\varepsilon - i\omega)e^{-\varepsilon t} e^{i\omega t} - (-\varepsilon + i\omega)e^{-\varepsilon t} e^{-i\omega t} \\ &= e^{-\varepsilon t} \{(-\varepsilon - i\omega)e^{i\omega t} - (-\varepsilon + i\omega)e^{-i\omega t}\} \\ &= -2ie^{-\varepsilon t}(\omega \cos \omega t + \varepsilon \sin \omega t) \\ &\lambda_2 e^{\lambda_2 t} - \lambda_1 e^{\lambda_1 t} = (-\varepsilon - i\omega)e^{-\varepsilon t} e^{-i\omega t} - (-\varepsilon + i\omega)e^{-\varepsilon t} e^{i\omega t} \\ &= e^{-\varepsilon t} \{(-\varepsilon - i\omega)e^{-i\omega t} - (-\varepsilon + i\omega)e^{i\omega t}\} \\ &= -2ie^{-\varepsilon t}(\omega \cos \omega t - \varepsilon \sin \omega t) \end{aligned} \quad (5.146)$$

5.2 Laplace 解析

よって,

$$e^{tA} = \begin{bmatrix} \dfrac{\lambda_2 e^{\lambda_1 t} - \lambda_1 e^{\lambda_2 t}}{\lambda_2 - \lambda_1} & \dfrac{e^{\lambda_2 t} - e^{\lambda_1 t}}{\lambda_2 - \lambda_1} \\ -\lambda_1 \lambda_2 \dfrac{e^{\lambda_2 t} - e^{\lambda_1 t}}{\lambda_2 - \lambda_1} & \dfrac{\lambda_2 e^{\lambda_2 t} - \lambda_1 e^{\lambda_1 t}}{\lambda_2 - \lambda_1} \end{bmatrix}$$

$$= \begin{bmatrix} \dfrac{-2ie^{-\varepsilon t}(\omega\cos\omega t + \varepsilon\sin\omega t)}{-2i\omega} & \dfrac{-2ie^{-\varepsilon t}\sin\omega t}{-2i\omega} \\ -\Omega^2 \dfrac{-2ie^{-\varepsilon t}\sin\omega t}{-2i\omega} & \dfrac{-2ie^{-\varepsilon t}(\omega\cos\omega t - \varepsilon\sin\omega t)}{-2i\omega} \end{bmatrix} \quad (5.147)$$

$$= e^{-\varepsilon t}\begin{bmatrix} \cos\omega t + \varepsilon\sin\omega t/\omega & \sin\omega t/\omega \\ -(\omega^2 + \varepsilon^2)\sin\omega t/\omega & \cos\omega t - \varepsilon\sin\omega t/\omega \end{bmatrix}$$

この形だと,$\lambda_1 = \lambda_2 = \lambda = -\varepsilon \iff \omega = \sqrt{\Omega^2 - \varepsilon^2} = 0$ のときの場合がただちに求められる.

$$e^{tA} = e^{-\varepsilon t}\begin{bmatrix} 1 + \varepsilon t & t \\ -\varepsilon^2 t & 1 - \varepsilon t \end{bmatrix} \quad (5.148)$$

解 $x(t)$ は (5.133) の第 1 成分として与えられるから,

$$\begin{aligned} x(t) &= x(0)e^{-\varepsilon t}\{\cos\omega t + \varepsilon\sin\omega t/\omega\} + \dot{x}(0)e^{-\varepsilon t}\sin\omega t/\omega \\ &\quad + \int_0^t d\tau \dfrac{e^{-\varepsilon(t-\tau)}\sin\omega(t-\tau)}{\omega}f(\tau) \\ &= x(0)e^{-\varepsilon t}\cos\omega t + \{\varepsilon x(0) + \dot{x}(0)\}e^{-\varepsilon t}\dfrac{\sin\omega t}{\omega} \\ &\quad + \int_0^t d\tau e^{-\varepsilon\tau}\dfrac{\sin\omega\tau}{\omega}f(t-\tau) \end{aligned} \quad (5.149)$$

Laplace 変換による方法

Laplace 変換を用いて,「直接解法」で解いた同じ微分方程式を扱ってみよう.

$$\dfrac{d^2 y(t)}{dt^2} + 2\varepsilon\dfrac{dy(t)}{dt} + \Omega^2 y(t) = x(t) \; (t \geqq 0) \quad (5.150)$$

$$y(0) = y_0, \; \dfrac{dy(0)}{dt} = v_0 \quad (5.151)$$

以前の少し記号の変更をしている．$x(t), y(t)$ の Laplace 変換をそれぞれ $X(s), Y(s)$ とすると，微分方程式に Laplace 変換を施した方程式は，左辺の各項の Laplace 変換は

$$s^2 Y(s) - sy_0 - v_0 + 2\varepsilon\{sY(s) - y_0\} + \Omega^2 = X(s)$$

$$\{(s+\varepsilon)^2 + (\Omega^2 - \varepsilon^2)\}Y(s) - (s+\varepsilon)y_0 - v_0 - \varepsilon y_0 = X(s)$$

$$\begin{aligned}Y(s) &= \frac{y_0(s+\varepsilon)}{(s+\varepsilon)^2 + (\Omega^2 - \varepsilon^2)} + \frac{\varepsilon y_0 + v_0}{(s+\varepsilon)^2 + (\Omega^2 - \varepsilon^2)} \\ &\quad + \frac{X(s)}{(s+\varepsilon)^2 + (\Omega^2 - \varepsilon^2)}\end{aligned} \quad (5.152)$$

よって，直ちに

$$\begin{aligned}y(t) &= y_0 e^{-\varepsilon t} \cos \sqrt{\Omega^2 - \varepsilon^2}\, t + (\varepsilon y_0 + v_0) e^{-\varepsilon t} \frac{\sin \sqrt{\Omega^2 - \varepsilon^2}\, t}{\sqrt{\Omega^2 - \varepsilon^2}} \\ &\quad + \int_0^t d\tau\, x(t-\tau) e^{-\varepsilon\tau} \frac{\sin \sqrt{\Omega^2 - \varepsilon^2}\, \tau}{\sqrt{\Omega^2 - \varepsilon^2}}\end{aligned} \quad (5.153)$$

となる．直接解法の結果 (5.149) と完全に一致する．このように，直接微分方程式を解くよりも，Laplace 変換のほうがはるかに簡単にその解を得ることができる．

さて，この例の結果において，$\varepsilon > 0$ ならば，ある程度時間が経つと初期条件に依存する項は指数関数的に減衰して 0 に近づく．そのとき，生き残る項は，

$$\frac{Y(s)}{X(s)} = \frac{1}{(s+\varepsilon)^2 + (\Omega^2 - \varepsilon^2)} \quad (5.154)$$

とした場合の項である．そこで，この比 $H(s) = Y(s)/X(s)$ を系の伝達関数とよぶ．

伝達関数 $H(s)$ の極

$$s = \begin{cases} -\varepsilon \pm i\sqrt{\Omega^2 - \varepsilon^2} & (\Omega > \varepsilon > 0) \\ -\varepsilon \pm \sqrt{\varepsilon^2 - \Omega^2} & (\varepsilon \geqq \Omega > 0) \end{cases} \quad (5.155)$$

の s 平面における位置は，$X(s) = 1$ すなわちインパルス入力 $x(t) = \delta(t)$ に対するシステム応答がどのようなふるまいをするかを決めている．今の場

合は $\varepsilon > 0, \Omega > 0$ である限り

$$\text{Re}(s) = \begin{cases} -\varepsilon < 0 & (\Omega > \varepsilon > 0) \\ -\varepsilon \pm \sqrt{\varepsilon^2 - \Omega^2} < 0 & (\varepsilon \geqq \Omega > 0) \end{cases} \tag{5.156}$$

であるから極は左半平面に存在し，インパルス応答関数は指数関数的に減衰する．このように，伝達関数の極が左半平面にあることをシステムは安定であるという．システムの安定性の議論は，伝達関数の極がどこにあるかという数学的問題になるのである．

インパルス応答は伝達関数 $H(s)$ の $h(t)$ として与えられる．

$$h(t) = e^{-\varepsilon t} \frac{\sin \sqrt{\Omega^2 - \varepsilon^2} t}{\sqrt{\Omega^2 - \varepsilon^2}} \tag{5.157}$$

$Y(s) = H(s)X(s)$ は時間領域では入力信号 $x(t)$ とインパルス応答 $h(t)$ の畳みこみ

$$y(t) = \int_0^t d\tau x(t - \tau) h(\tau) \tag{5.158}$$

になる．

古典制御と現代制御

直接解法に比べて，Laplace 変換による方法は非常に簡潔である．現実のシステムを扱う技術者にとっては受け入れられてきたこの方法はもともと工学者 Heaviside が始めた演算子法が原型で，実用的だったのである．もちろん，実際のシステムは厳密にはそう単純化できないような部分を含み，経験による知識も不可欠であり，「理由は分からないがとにかくうまくいく」という側面があった．

応用技術に興味を持つ科学者や工学者がこのような不明な部分を理解してより安全で精密なシステムを設計したいと考えるのは当然のことで，20世紀後半からそのようなシステムの制御を実現するための理論が生まれてきた．それらは，高度に数学的な理論であり，長らく机上の空論とよばれ，現場の技術者からは敬遠されていた．しかし，計算機技術の発展などと相

まって，そのような理論も現実性を帯びてきていて，Laplace 変換によるすぐれた手法も受け継つぎ，新しい時代の理論として発展を続けている．このような事情から，Laplace 変換による方法は「古典制御」とよび，新しい理論を「現代制御」と呼ばれている．

古典制御と現代制御というネーミングは，20 世紀初頭を境とする物理学が，Newton 力学を中心とした「古典物理学」から量子力学を中心とした「現代物理学」に発展してきたことになぞらえているのではないかと思ってしまう．しかし，Newton 力学が現代においても有用な科学技術の基盤を与え続けているように，古典制御も現代の制御技術に対して重要なものである．

なお，現代制御を紹介する力量は筆者には備わっていないので，以後も Laplace 変換にかかわる議論を続けるが，現代制御には，「直接解法」で示した常微分方程式の正規形による記述法が取り入れられていることだけ言っておこう．

5.2.6 部分分数分解

入力信号 $x(t)$ と出力信号 $y(t)$ の関係が，定数係数線形常微分方程式

$$\frac{d^n y}{dt^n} + a_1 \frac{d^{n-1} y}{dt^{n-1}} + \cdots + a_{n-1} \frac{dy}{dt} + a_n y$$
$$= b_0 \frac{d^n x}{dt^n} + b_1 \frac{d^{n-1} x}{dt^{n-1}} + \cdots + b_{n-1} \frac{dx}{dt} + b_n x \ (t \geqq 0) \tag{5.159}$$

であらわせるような線形システムを考えよう．$x(t), y(t)$ の Laplace 変換をそれぞれ $X(s), Y(s)$ として，この微分方程式の両辺を Laplace 変換すると，すべての初期値を 0 とした場合，

$$(s^n + a_1 s^{n-1} + \cdots + a_{n-1} s + a_n) Y(s)$$
$$= (b_0 s^n + b_1 s^{n-1} + \cdots + b_{n-1} s + b_n) X(s) \tag{5.160}$$

こうして，伝達関数

$$G(s) \equiv \frac{Y(s)}{X(s)} = \frac{b_0 s^n + b_1 s^{n-1} + \cdots + b_{n-1} s + b_n}{s^n + a_1 s^{n-1} + \cdots + a_{n-1} s + a_n} \tag{5.161}$$

は有理関数になる．系の安定性を調べるには，この s の関数の極を調べなければならない．そのことは，この有理関数を部分分数分解を行うことによって達成される．

次のような例題を考えよう．

> s の分数式
> $$G(s) \equiv \frac{2s^2 + 5s + 5}{(s+1)^2(s+2)} \tag{5.162}$$
> を部分分数分解せよ．すなわち，
> $$G(s) = \frac{A}{s+1} + \frac{B}{(s+1)^2} + \frac{C}{s+2} \tag{5.163}$$
> が s の恒等式になるような定数 A, B, C を求めよ．

最も単純な方法は，分数式を含む等式の両辺に $(s+1)^2(s+2)$ をかけて多項式の恒等式の問題にしてしまうことである．しかし，ここでは，次のような方法を試みよう．

まず，$F(s) = (s+1)^2 G(s), z = s+1$ とおいて，
$$\begin{aligned} F(s) &= \frac{2s^2 + 5s + 5}{s+2} = \frac{2(z-1)^2 + 5(z-1) + 5}{(z-1)+2} \\ &= \frac{2z^2 + z + 2}{z+1} = \frac{2 + z + 2z^2}{1+z} \end{aligned} \tag{5.164}$$

と変形する．$G(s) = F(s)/z^2$ の分母の z^2 に比例する余りがでるまで，$F(s)$ の分子を分母で z の昇べき順 の割り算を行う．

$$2 + z + 2z^2 = (1+z)(2-z) + 3z^2$$
$$F(s) = \frac{(1+z)(2-z) + 3z^2}{1+z} = 2 - z + \frac{3z^2}{1+z} \tag{5.165}$$
$$G(s) = \frac{F(s)}{z^2} = \frac{2}{z^2} - \frac{1}{z} + \frac{3}{1+z} = \frac{2}{(s+1)^2} - \frac{1}{s+1} + \frac{3}{s+2}$$

よって，$A = -1, B = 2, C = 3$ となる．

この方法は容易に一般化できる：今 $P(s), Q(s)$ を互いに素な実係数多項式として，分数式

$$G(s) = \frac{P(s)}{Q(s)} \tag{5.166}$$

があるとしよう．このとき，$Q(s)$ を次のように因数分解したとする：

$$Q(s) = \prod_{k=1}^{N} (s - \alpha_k)^{\nu_k} \tag{5.167}$$

ここに ν_k は方程式 $Q(s) = 0$ の解 α_k $(k = 1, 2, \cdots, n)$ の重複度で，α_k は一般に複素数である．複素関数論の立場からは，α_k は有理関数 $G(s)$ の ν_k 位の極とも呼ばれる．$Q(s)$ は実係数多項式であるから，虚数解は必ず互いに共役な α, α^* の対として存在し，それらの重複度も等しくなければならない．さて，$P(s)$ を $Q(s)$ で（通常の降べき順の割り算）を行ったときの商を $G_1(s)$ とすると，

$$G(s) = G_1(s) + \sum_{k=1}^{n} \sum_{l=1}^{\nu_k} \frac{A_l^{(k)}}{(s - \alpha_k)^l} \tag{5.168}$$

のように部分分数展開できる．以下，$G_1(s) = 0$ すなわち $P(s)$ の次数が $Q(s)$ の次数 n より小さい場合を考えよう．すると $G(s)$ は，α を複素数，ν を自然数として分数 $1/(s-\alpha)^\nu$ の線形結合として表される．それは (5.161) において $b_0 = 0$ とした場合に相当する．

$$G(s) = \sum_{k=1}^{n} \sum_{l=1}^{\nu_k} \frac{A_l^{(k)}}{(s - \alpha_k)^l} \tag{5.169}$$

極 α_k に対する係数 $A_l^{(k)}$ $(l = 1, \cdots, \nu_k; k = 1, \cdots, n)$ も一般には複素数で，これは $G(s)$ の形に依存するので，$A_l^{(k)}$ を $G(s)$ から求める公式を導きだしてみよう．

すべての極が 1 位であるとき

このとき，$G(s)$ は次のように表すことができる．$\nu_k = 1$ $(k = 1, \cdots, n)$ であるから $A_1^{(k)} = A^{(k)}$ とかくと，

$$G(s) = \sum_{k=1}^{n} \frac{A^{(k)}}{s - \alpha_k} \tag{5.170}$$

両辺に $s - \alpha_m$ ($m = 1, \cdots, n$) をかけて

$$(s - \alpha_m)G(s) = A^{(m)} + \sum_{1 \leq k \leq n, k \neq m} A^{(k)} \frac{s - \alpha_m}{s - \alpha_k} \tag{5.171}$$

$s \to \alpha_m$ の極限をとると，

$$\lim_{s \to \alpha_m}(s - \alpha_m)G(s) = A^{(m)} \ (m = 1, \cdots, n) \tag{5.172}$$

$\alpha_m = a$ が実数なら $A^{(m)} = A$ も実数である．このとき，極 $\alpha_m = a$ に対する $G(s)$ の項の逆 Laplace 変換は実関数 Ae^{at} である．

$\alpha_m = \alpha$ が虚数なら，これに共役な $\alpha_{m'} = \alpha^*$ が必ず存在する．このとき，$G(s) = P(s)/Q(s)$ において $Q(\alpha) = 0$ であるから，

$$\begin{aligned}A^{(m)} &= \lim_{s \to \alpha}(s - \alpha)G(s) = \lim_{s \to \alpha}\frac{(s - \alpha)P(s)}{Q(s) - Q(\alpha)} \\ &= \frac{P(s)}{\displaystyle\lim_{s \to \alpha}\frac{Q(s) - Q(\alpha)}{s - \alpha}} = \frac{P(\alpha)}{Q'(\alpha)}\end{aligned} \tag{5.173}$$

となる．同様に，$A^{(m')} = \dfrac{P(\alpha^*)}{Q'(\alpha^*)}$ となるが，$P(s), Q'(s)$ は実係数多項式であるから，

$$A^{(m')} = \frac{P(\alpha^*)}{Q'(\alpha^*)} = \frac{P(\alpha)^*}{Q'(\alpha)^*} = \left\{\frac{P(\alpha)}{Q'(\alpha)}\right\}^* = A^{(m)*} \tag{5.174}$$

となる．したがって，$\alpha_m = \alpha, \alpha_{m'} = \alpha^*$ に関する $G(s)$ の項の対は，$\alpha = a + ib, A^{(m)} = A + iB$ ($a, b \neq 0, A, B$ は実数) とおくと，

$$\begin{aligned}\frac{A^{(m)}}{s - \alpha} + \frac{A^{(m)*}}{s - \alpha^*} &= \frac{A + iB}{s - a - ib} + \frac{A - iB}{s - a + ib} \\ &= \frac{(A + iB)(s - a + ib) + (A - iB)(s - a - ib)}{(s - a)^2 + b^2} \\ &= \frac{2A(s - a) - 2Bb}{(s - a)^2 + b^2}\end{aligned} \tag{5.175}$$

この部分の逆 Laplace 変換は実関数 $2e^{at}(A \cos bt - B \sin bt)$ を与える．

一般位数の極を含むとき

ν を正の整数とする. $\alpha_p = \alpha$ を $G(s)$ の $\nu_p = \nu$ 位の極とし, $A_l^{(p)} = A_l$ ($l = 1, \cdots, \nu$) とおく. (5.169) を $k = p$ の項とそれ以外 $H(s)$ に分離する.

$$G(s) = \sum_{l=1}^{\nu} \frac{A_l}{(s-\alpha)^l} + H(s), \quad H(s) \equiv \sum_{1 \leq k \leq n, k \neq p} \sum_{l=1}^{\nu_k} \frac{A_l^{(k)}}{(s-\alpha_k)^l} \tag{5.176}$$

$H(s)$ は $s = \alpha$ で正則な有理関数である. $G(s)$ の両辺に $(s-\alpha)^\nu$ をかけて,

$$(s-\alpha)^\nu G(s) = \sum_{l=1}^{\nu} A_l(s-\alpha)^{\nu-l} + (s-\alpha)^\nu H(s) \tag{5.177}$$

ここに $H(s) \equiv \sum_{1 \leq k \leq n, k \neq p} \sum_{l=1}^{\nu_k} A_l^{(k)}(s-\alpha_k)^{-l}$ は $s = \alpha$ で正則な有理関数である. さらに, この方程式の両辺を j 回 ($0 \leq j \leq \nu-1$) 微分して $s \to \alpha$ としよう. そのとき $(s-\alpha)^\nu H(s)$ は, Leibniz の微分公式により,

$$\begin{aligned}
\frac{d^j}{ds^j}\{(s-\alpha)^\nu H(s)\} &= \sum_{r=0}^{j} \binom{j}{r} \frac{d^r(s-\alpha)^\nu}{ds^r} H^{(j-r)}(s) \\
&= \sum_{r=0}^{j} \binom{j}{r} \nu(\nu-1)\cdots(\nu-r+1)(s-\alpha)^{\nu-r} H^{(j-r)}(s) \\
&= (s-\alpha) \sum_{r=0}^{j} \binom{j}{r}\binom{\nu}{r} r!(s-\alpha)^{\nu-1-r} H^{(j-r)}(s)
\end{aligned} \tag{5.178}$$

となるから, $s = \alpha$ で 0 になる. したがって, $(s-\alpha)^\nu G(s)$ を j 回微分するとき, 最初からこの項を省略する.

$$\frac{d^j}{ds^j}\{(s-\alpha)^\nu G(s)\} = \sum_{l=1}^{\nu} A_l \frac{d^j(s-\alpha)^{\nu-l}}{ds^j}$$

$$= \sum_{l=1}^{\nu} A_l(\nu-l)(\nu-l-1)\cdots(\nu-l-j+1)(s-\alpha)^{\nu-l-j}$$

$$= \sum_{l=1}^{\nu} A_l j! \binom{\nu-l}{j}(s-\alpha)^{\nu-l-j} = \sum_{l=0}^{\nu-1} A_{\nu-l} j! \binom{l}{j}(s-\alpha)^{l-j}$$

$$= \sum_{l=j}^{\nu-1} A_{\nu-l} j! \binom{l}{j}(s-\alpha)^{l-j} = A_{\nu-j} j! + \sum_{l=j+1}^{\nu-1} A_{\nu-l} j! \binom{l}{j}(s-\alpha)^{l-j} \to A_{\nu-j} j! \ (s \to \alpha)$$

$$\lim_{s \to \alpha} \frac{d^j}{ds^j}\{(s-\alpha)^\nu G(s)\} = A_{\nu-j} j!$$

すなわち,

$$\lim_{s \to \alpha} \frac{d^j}{ds^j} \{(s-\alpha)^\nu G(s)\} = A_{\nu-j} j! \tag{5.179}$$

となる. $\nu - j = \nu, \nu - 1, \cdots, 1$ を k と書きなおすと,

$$A_k = \lim_{s \to \alpha} \frac{1}{(\nu-k)!} \frac{d^{\nu-k}}{ds^{\nu-k}} \{(s-\alpha)^\nu G(s)\} \ (k=1,2,\cdots,\nu) \tag{5.180}$$

極 α が実数ならば A_k も実数である. 極 α が虚数のとき, これに共役な極 α^* で位数が同じものが存在する. α^* に対する係数 A'_k ($k=1,\cdots,\nu$) は, A_k と同様の次の公式で与えられる.

$$A'_k = \lim_{s \to \alpha^*} \frac{1}{(\nu-k)!} \frac{d^{\nu-k}}{ds^{\nu-k}} \{(s-\alpha^*)^\nu G(s)\} \tag{5.181}$$

$A'_k = A_k^*$ であることを示そう. まず, $G(s) = P(s)/Q(s), \alpha = a+ib$ とすると, 実係数多項式 $Q(s)$ は実係数多項式 $(s-\alpha)^\nu (s-\alpha^*)^\nu = \{(s-a)^2+b^2\}^\nu$ で割りきれる. その時の商 $R(s)$ も実係数多項式であり,

$$S(s,\alpha) \equiv (s-\alpha^*)^\nu G(s) = \frac{P(s)}{(s-\alpha)^\nu R(s)} \tag{5.182}$$

とおくと, $S(s,z)$ は s,z の実係数有理関数であり, これを用いると,

$$A'_k = \lim_{s \to \alpha^*} \frac{\partial^{\nu-k} S(s,\alpha)}{\partial s^{\nu-k}} = \frac{\partial^{\nu-k} S(\alpha^*,\alpha)}{\partial s^{\nu-k}} \tag{5.183}$$

$$A_k = \lim_{s \to \alpha} \frac{\partial^{\nu-k} S(s,\alpha^*)}{\partial s^{\nu-k}} = \frac{\partial^{\nu-k} S(\alpha,\alpha^*)}{\partial s^{\nu-k}} \tag{5.184}$$

とかける. $T(s,z) \equiv \frac{\partial^{\nu-k} S(s,z)}{\partial s^{\nu-k}}$ はやはり s,z の実係数有理関数であるから,

$$A'_k = T(\alpha^*,\alpha) = T(\alpha,\alpha^*)^* = A_k^* \tag{5.185}$$

が成り立つ.

実係数有理関数の逆 Laplace 変換

(5.169) の逆 Laplace 変換を求めよう.

$$\mathcal{L}^{-1} \left\{ \sum_{k=1}^n \sum_{l=1}^{\nu_k} \frac{A_l^{(k)}}{(s-\alpha_k)^l} \right\} = \sum_{k=1}^n \sum_{l=1}^{\nu_k} A_l^{(k)} \mathcal{L}^{-1} \left\{ \frac{1}{(s-\alpha_k)^l} \right\} \tag{5.186}$$

ここで $e^{\alpha t}$ の Laplace 変換が $1/(s-\alpha)$ であるという式

$$\int_0^\infty dt\, e^{\alpha t} e^{-st} = (s-\alpha)^{-1} \tag{5.187}$$

の両辺を s で $l-1$ 回微分する．左辺は，Laplace 変換は s に関して一様収束しているので積分記号下で微分してよく，

$$\int_0^\infty dt\, e^{\alpha t}(-t)^{l-1} e^{-st} = (-1)(-2)\cdots\{-(l-1)\}(s-\alpha)^{-l}$$

$$\int_0^\infty dt\, e^{\alpha t} t^{l-1} e^{-st} = \frac{(l-1)!}{(s-\alpha)^l}, \quad \mathcal{L}\left\{\frac{t^{l-1} e^{\alpha t}}{(l-1)!}\right\} = \frac{1}{(s-\alpha)^l} \tag{5.188}$$

$$\mathcal{L}^{-1}\left\{\frac{1}{(s-\alpha)^l}\right\} = \frac{t^{l-1} e^{\alpha t}}{(l-1)!}$$

よって，

$$\mathcal{L}^{-1}\left\{\sum_{k=1}^n \sum_{l=1}^{\nu_k} \frac{A_l^{(k)}}{(s-\alpha_k)^l}\right\} = \sum_{k=1}^n \sum_{l=1}^{\nu_k} A_l^{(k)} \frac{t^{l-1} e^{\alpha_k t}}{(l-1)!} \tag{5.189}$$

簡単のため，$G(s)$ の極 $\alpha_1, \alpha_2, \cdots, \alpha_n$ について，$n=3$ とし，実数であるものを $\alpha_1 = -a$，虚数であるものを $\alpha_2 = -\varepsilon + i\omega, \alpha_3 = \alpha_2^*$ とする．このとき，$\nu_1 = \nu$ とかき，共役根 α_2, α_3 の重複度は同じでなければならないから $\nu_2 = \nu_3 = \mu$ とかく．すると，

$$g(t) = e^{-at} \sum_{l=1}^\nu a_l^{(1)} t^{l-1} + e^{-\varepsilon t} \sum_{l=1}^\mu t^{l-1} \{a_l^{(2)} e^{i\omega t} + a_l^{(3)} e^{-i\omega t}\} \tag{5.190}$$

ここで，前項の議論から，$a_l^{(1)}$ は実数，$a_l^{(2)}, a_l^{(3)}$ は互いに共役な複素数であるので，$a_l^{(1)} = a_l$，$a_l^{(2)} = r_l e^{i\theta_l}/2, a_l^{(3)} = r_l e^{-i\theta_l}/2$ とおくと，

$$g(t) = e^{-at} \sum_{l=1}^\nu a_l t^{l-1} + e^{-\varepsilon t} \sum_{l=1}^\mu t^{l-1} r_l \cos(\omega t + \theta_l) \tag{5.191}$$

となる．$\alpha_1, \alpha_2, \alpha_3$ の実部 $-a, -\varepsilon$ がすべて負であれば，$\lim_{t\to+\infty} g(t) = 0$ となる．

5.2.7 反転公式と安定性・因果律

これまで，逆 Laplace 変換の公式または反転公式 (5.64) を直接計算してこなかった．この積分は，Bromwich-Wargner 積分と呼ばれている．それは，

Heaviside が始めた演算子法を Laplace 変換で数学的基礎を与えた Bromwich や Wargner の名に由来している．これは複素平面における積分なので計算を実行するには複素関数論の知識が必要で，やや面倒である．演算子法は，線形システムとみなせる電気回路の微積分方程式を代数計算で解くことができるので，基本的な初等関数 $f(t)$ とその Laplace 変換 $F(s)$ の対応表があれば実用上便利なのである．しかし，以前注意したように，デルタ関数などを用いる際は形式的な公式の適用が間違いを導くこともある．

　反転公式に象徴される複素関数論的理論は，実用上便利な演算子法に数学的な基礎を与えるだけの役割以上に重要な意味を持っている．それは，安定性と因果律である．安定性とは，簡単にいうとシステムに与えられた衝撃が原因でシステムが壊れてしまわないような性質といえる．また，因果律とは $t \geq 0$ に与えた衝撃に対するシステムの応答が $t < 0$ に現れることがないということである．システムを解析して制御するときに，その伝達関数が何らかの理由で定義されたとき，伝達関数を理論的に調べることによってそのシステムが安全であることや物理的に妥当なものであるかを知ることができれば非常に都合がよい．

　今，線形システムの伝達関数 $G(s)$ は複素平面上の実係数有理関数で，分母の次数は分子の次数よりも大きいとしよう．入力 $x(t) = \delta(t)$ に対する応答の Laplace 変換が $G(s)$ である．システムが安定であるとは，$t = 0$ に瞬間的に与えたインパルスに対する応答 $y(t) = g(t) = \mathcal{L}^{-1}\{G(s)\}$ が $t \to \infty$ のときに 0 になることと定義する．また，システムが因果律を満たすとは $g(t) = 0$ $(t < 0)$ であることと定義する．すると，伝達関数 $G(s)$ の極すべてが左半平面に存在すれば，システムは安定かつ因果律を満たす．このことを以下に証明しよう．

　(証明) まず，ν 位の極 α $(\text{Re}(\alpha) < 0)$ をもつ伝達関数 $G(s) = 1/(s - \alpha)^\nu$ においてこのことを証明する．具体的には t を実数パラメータとする次の s に関する複素積分を忠実に実行する．

$$\frac{1}{2\pi i} \int_{\sigma - i\infty}^{\sigma + i\infty} \frac{1}{(s - \alpha)^\nu} e^{st}\, ds \quad (\sigma = \text{Re}(s) > \text{Re}(\alpha)) \tag{5.192}$$

計算してみれば分かるのだが，この積分の値は σ に依存しない．したがってそれは t の関数 $g(t)$ になる．

$s = \sigma + i\omega$ とおくと，複素変数 s に関する複素積分は，一旦実変数 ω に関する積分になる：

$$\begin{aligned} g(t) &= \frac{1}{2\pi i} \int_{-\infty}^{\infty} \frac{e^{\sigma t} e^{i\omega t}}{(\sigma + i\omega - \alpha)^\nu} i d\omega \\ &= \frac{1}{2\pi i} \frac{e^{\sigma t}}{i^{\nu-1}} \lim_{R \to \infty} \int_{-R}^{R} \frac{1}{\{\omega - i(\sigma - \alpha)\}^\nu} e^{i\omega t} d\omega \end{aligned} \tag{5.193}$$

再び ω を複素変数とみる．

まず，$t > 0$ のときを考える．実軸上の積分路 $-R \leqq \omega \leqq R$ を複素平面内へ次のように変形する：

$$\begin{cases} \int_{-R}^{R} = \oint_{C} - \int_{C_R} \\ C = \{ \text{原点中心半径 } R \text{ の円の上半周および直径} \} \\ C_R = \{Re^{i\theta} | 0 \leqq \theta \leqq \pi\} \end{cases} \tag{5.194}$$

ここで被積分関数 $F(\omega)$ は

$$F(\omega) = \frac{e^{i\omega t}}{\{\omega - i(\sigma - \alpha)\}^\nu} \tag{5.195}$$

であり，ν 位の極 $\omega = i(\sigma - \alpha)$ をもつ．極 $i(\sigma - \alpha)$ の虚部 $\sigma - \text{Re}(\alpha) > 0$ は正であり，これは十分大きな半径 R に対する C の内部に存在する．よって，留数定理により

$$\begin{aligned} \oint_C &= 2\pi i \lim_{\omega \to i(\sigma-\alpha)} \frac{1}{(\nu-1)!} \frac{d^{\nu-1}}{d\omega^{\nu-1}} [\{\omega - i(\alpha - \sigma)\}^\nu F(\omega)] \\ &= 2\pi i \lim_{\omega \to i(\sigma-\alpha)} \frac{1}{(\nu-1)!} \frac{d^{\nu-1}}{d\omega^{\nu-1}} (e^{i\omega t}) = 2\pi i \lim_{\omega \to i(\sigma-\alpha)} \frac{(it)^{\nu-1} e^{i\omega t}}{(\nu-1)!} \\ &= 2\pi i \frac{(it)^{\nu-1} e^{(\alpha-\sigma)t}}{(\nu-1)!} \end{aligned} \tag{5.196}$$

この結果は $R \to \infty$ のときも変わらない．次に，$\int_{C_R}$ は

$$\int_{C_R} F(\omega) e^{i\omega t} d\omega \; (t > 0) \tag{5.197}$$

である．$|F(\omega)|\ (\omega \in C_R)$ は連続だから最大値

$$M_R = \max\{1/|\{\omega - i(\sigma - \alpha)\}^\nu| | \omega \in C_R\} \tag{5.198}$$

が存在する．$\omega = Re^{i\theta}\ (0 \leqq \theta \leqq \pi)$ とかけるから，十分大きな R に対し $M_R \simeq 1/R^\nu \to 0$ である．

$$\begin{aligned}\left|\int_{C_R}\right| &\leqq \int_0^\pi |F(\omega)||e^{itRe^{i\theta}}||Re^{i\theta}d\theta| \leqq \int_0^\pi M_R e^{-tR\sin\theta} R d\theta \\ &= M_R R \int_0^\pi e^{-tR\sin\theta} d\theta = 2 M_R R \int_0^{\pi/2} e^{-tR\sin\theta} d\theta\end{aligned} \tag{5.199}$$

最後の等号では $\sin(\pi - \theta) = \sin\theta$ であることを利用した．ここで不等式

$$\sin\theta > 2\theta/\pi \quad (0 < \theta < \pi/2) \tag{5.200}$$

を用いると，

$$\int_0^{\pi/2} e^{-tR\sin\theta} d\theta < \int_0^{\pi/2} e^{-2tR\theta/\pi} d\theta = \frac{\pi}{2tR}(1 - e^{-2tR/\pi}) \tag{5.201}$$

従って，

$$\left|\int_{C_R}\right| < \frac{\pi M_R}{t}(1 - e^{-2tR/\pi}) < \frac{\pi M_R}{t} \to 0\ (R \to \infty) \tag{5.202}$$

こうして，$t > 0$ のとき，

$$g(t) = \frac{1}{2\pi i}\frac{e^{\sigma t}}{i^{\nu-1}} 2\pi i \frac{(it)^{\nu-1} e^{(\alpha-\sigma)t}}{(\nu-1)!} = \frac{t^{\nu-1} e^{\alpha t}}{(\nu-1)!} \tag{5.203}$$

次に，$t < 0$ のときを考える．実軸上の積分路 $-R \leqq \omega \leqq R$ を複素平面内へ次のように変形する：

$$\int_{-R}^{R} = -\int_R^{-R} = -\left(\oint_{C'} - \int_{C'_R}\right)$$

$$\begin{cases} C' &= \{\text{原点中心半径 } R \text{ の円の下半周および直径}\} \\ C'_R &= \{Re^{i\theta}|-\pi \leqq \theta \leqq 0\} = \{-Re^{i\varphi}|0 \leqq \varphi \leqq \pi\}\end{cases} \tag{5.204}$$

被積分関数 $F(\omega)$ の ν 位の極 $\omega = i(\sigma - \alpha)$ の虚部 $\sigma - \text{Re}(\alpha) > 0$ は正であり，今度は C' の外部に存在する．Cauchy の積分定理により

$$\oint_{C'} = 0 \tag{5.205}$$

一方 $\int_{C'_R}$ について，$t = -|t| < 0$ であるから，

$$\begin{aligned}
\int_{C'_R} F(\omega) e^{i\omega t}\, d\omega &= \int_{\varphi=0}^{\varphi=\pi} F(-Re^{i\varphi}) e^{-iRe^{i\varphi}(-|t|)}\, d(-Re^{i\varphi}) \\
&= -\int_{\varphi=0}^{\varphi=\pi} F(-Re^{i\varphi}) e^{iRe^{i\varphi}|t|}\, d(Re^{i\varphi}) = -\int_{C_R} F(-\omega) e^{i\omega|t|}\, d\omega
\end{aligned} \tag{5.206}$$

である．この積分は，$t > 0$ のときの積分 $\int_{C_R}$ において，$F(\omega), t > 0$ の代わりにそれぞれ $F(-\omega), |t| > 0$ としたものに負号をつけたものであるから，全く同様にして $\int_{C'_R} \to 0\, (R \to \infty)$ が結論される．

こうして，$t < 0$ のとき，

$$g(t) = \frac{1}{2\pi i} \int_{\sigma-i\infty}^{\sigma+i\infty} \frac{1}{(s-\alpha)^\nu} e^{st}\, ds = 0\ (t<0) \tag{5.207}$$

であることが分かった．

まとめると，$\sigma = \text{Re}(s) > \text{Re}(\alpha)$ のとき，

$$g(t) = \frac{1}{2\pi i} \int_{\sigma-i\infty}^{\sigma+i\infty} \frac{1}{(s-\alpha)^\nu} e^{st}\, ds = \begin{cases} 0 & (t<0) \\ t^{\nu-1} e^{\alpha t}/(\nu-1)! & (0<t) \end{cases} \tag{5.208}$$

となる．ここで $\text{Re}(\alpha) < 0$ ならば，条件 $\sigma > \text{Re}(\alpha)$ は $\sigma \geqq 0$ で成り立ち $G(s)$ は $\text{Re}(s) = \sigma \geqq 0$ において定義され，因果律は満たされる．また，$g(t) \to 0\, (t \to \infty)$ も指数因子 $e^{\alpha t}$ によって満たされる．

さて，$G(s)$ が分母の次数が分子の次数より大きな有理関数であるときを考える．(5.169) により，$\sigma = \text{Re}(s) > \text{Re}(\alpha_k)\, (k = 1, 2, \cdots, n)$ のとき，

$$G(s) = \sum_{k=1}^{n} \sum_{l=1}^{\nu_k} \frac{A_l^{(k)}}{(s-\alpha_k)^l} \tag{5.209}$$

であるから,

$$g(t) = \frac{1}{2\pi i}\int_{\sigma-i\infty}^{\sigma+i\infty} G(s)e^{st}\,ds = \begin{cases} 0 & (t<0) \\ \displaystyle\sum_{k=1}^{n}\left\{\sum_{l=1}^{\nu_k}\frac{A_l^{(k)}t^{l-1}}{(l-1)!}\right\}e^{\alpha_k t} & (0<t) \end{cases} \quad (5.210)$$

が成り立つ. 極 α_k すべてが左半平面にあれば, この式は $\sigma \geqq 0$ で成立し, $g(t) \to 0\ (t\to\infty)$ となる. $G(s)$ が実係数であるときはもっと具体的に次のようになる. 実数の極 α_k に対する $A_l^{(k)}\ (l=1,\cdots,\nu_k)$ は実数であるからそれに対する項

$$\sum_{l=1}^{\nu_k}\frac{A_l^{(k)}t^{l-1}}{(l-1)!}e^{\alpha_k t}\ (t>0) \quad (5.211)$$

はもちろん実数である. また, 共役な ν 位の極の対 α,α^* に対する項 $(t>0)$ は, $\alpha = -\varepsilon + i\omega, A_l = 2^{-1}(l-1)!r_l e^{i\theta_l}$ と書けば,

$$\sum_{l=1}^{\nu}\frac{A_l t^{l-1}}{(l-1)!}e^{\alpha t} + \sum_{l=1}^{\nu}\frac{A_l^* t^{l-1}}{(l-1)!}e^{\alpha^* t} = \sum_{l=1}^{\nu}e^{-\varepsilon t}\frac{t^{l-1}(A_l e^{i\omega t} + A_l^* e^{-i\omega t})}{(l-1)!}$$
$$= e^{-\varepsilon t}\sum_{l=1}^{\nu}r_l t^{l-1}\cos(\omega t + \theta_l) \quad (5.212)$$

つまり, $g(t)\,(t\geqq 0)$ は次の極 $-a, -\varepsilon + i\omega\,(a>0, \varepsilon>0, \omega\neq 0)$ に関する実関数たち

$$\begin{aligned}&e^{-at}, te^{-at}, \cdots, t^{\nu-1}e^{-at} \\ &\begin{cases}e^{-\varepsilon t}\cos\omega t \\ e^{-\varepsilon t}\sin\omega t\end{cases}, \begin{cases}te^{-\varepsilon t}\cos\omega t \\ te^{-\varepsilon t}\sin\omega t\end{cases}, \cdots, \begin{cases}t^{\nu-1}e^{-\varepsilon t}\cos\omega t \\ t^{\nu-1}e^{-\varepsilon t}\sin\omega t\end{cases}\end{aligned} \quad (5.213)$$

の線形結合の, すべての極にわたる和ととして表すことができる. これらの関数は $a>0, \varepsilon>0$ のため $t\to\infty$ のとき速やかに 0 に近づく. (証明終)

Section 5.3
離散 Fourier 変換

　Fourier 解析を計算機上で行うには，連続的な量を離散的かつ有限な量として扱わなければならない．そのとき基礎となるのが離散 Fourier 変換である．

　筆者が大学生の頃 (1986-1990)，Fourier 解析など応用数学関係の学部学生向けの教科書で，離散 Fourier 変換にふれているものはほとんどなかったように思う．筆者は 1990 年に大学を卒業してあるメーカーに入社したが，会社の寮で一緒になった情報工学出身の友人が「離散数学」や「暗号理論」について話していたのを思い出す．ちょうどその頃から「IT 時代」とか「IT 革命」という言葉が一般にも知れ渡るようになり，離散数学の重要性はよく知られるようになった．そのような事情を反映して，最近 (1990 年～？) 出版される Fourier 解析関係の教科書や入門書には「離散 Fourier 変換」の項目が見られるようになった．今後，純粋系応用系に関わらずこの傾向は定着するに違いない．

　連続 Fourier 変換の収束性などの厳密な議論は一般に非常に難しい．それに比べると，離散 Fourier 変換の原理はそう難しいものではないのだが，「標本化定理」や「高速 Fourier 変換」など関連して議論すると初めてふれる人にとってかなり混乱するような気がする．

5.3.1　標本化定理

　まず，有名な標本化定理から始めよう．

5.3 離散 Fourier 変換

時間の関数として表される信号 $f(t)$ は帯域制限信号であるとする. すなわち, $f(t)$ の Fourier 変換

$$F(\omega) = \int_{-\infty}^{\infty} dt e^{-i\omega t} f(t) \tag{5.214}$$

は幅 $W = 2\pi/T > 0$ の区間 $|\omega| \leq \pi/T$ においてのみ値をもち, それ以外では 0 であるとする:

$$F(\omega) = 0, \ |\omega| > \frac{W}{2} \tag{5.215}$$

このとき, 信号 $f(t)$ はその標本値列 $\{f(nT)|n = 0, \pm 1, \pm 2, \cdots\}$ によって再現される:

$$f(t) = \sum_{n=-\infty}^{\infty} f(nT) \frac{\sin \frac{\pi}{T}(t - nT)}{\frac{\pi}{T}(t - nT)} \tag{5.216}$$

離散 Fourier 変換は, この定理をもとに定義することができる. そこには, この定理を証明するときに用いるアイデアが本質的に必要になる.

(証明) まず, 一般的に成り立つ次の公式を証明しよう. $f(t)$ の Fourier 変換を $F(\omega)$ とすると,

$$\sum_{n=-\infty}^{\infty} f(t - nT) = \frac{1}{T} \sum_{n=-\infty}^{\infty} e^{i \frac{2\pi nt}{T}} F(2\pi n/T) \tag{5.217}$$

周期関数 $\sum_{n=-\infty}^{\infty} \delta(t - nT)$ を Fourier 級数 $\sum_{n=-\infty}^{\infty} c_n e^{inWt}$ ($W = 2\pi/T$) に展開すると,

$$c_n = \frac{1}{T} \int_{-T/2}^{T/2} dt e^{-inWt} \sum_{n=-\infty}^{\infty} \delta(t - nT) = \frac{1}{T} \tag{5.218}$$

であるから,

$$\sum_{n=-\infty}^{\infty} \delta(t - nT) = \frac{1}{T} \sum_{n=-\infty}^{\infty} e^{inWt} \tag{5.219}$$

この左辺の関数と $f(t)$ を畳みこむと

$$\int_{-\infty}^{\infty} d\tau f(\tau) \sum_{n=-\infty}^{\infty} \delta(t - nT - \tau)$$
$$= \sum_{n=-\infty}^{\infty} \int_{-\infty}^{\infty} d\tau f(\tau) \delta(t - nT - \tau) = \sum_{n=-\infty}^{\infty} f(t - nT) \tag{5.220}$$

他方，右辺の関数と $f(t)$ を畳みこむと

$$\int_{-\infty}^{\infty} d\tau f(\tau) \frac{1}{T} \sum_{n=-\infty}^{\infty} e^{inW(t-\tau)}$$
$$= \frac{1}{T} \sum_{n=-\infty}^{\infty} e^{inWt} \int_{-\infty}^{\infty} d\tau f(\tau) e^{-inW\tau} = \frac{1}{T} \sum_{n=-\infty}^{\infty} e^{inWt} F(nW) \tag{5.221}$$

こうして，(5.217) が成り立つ．これは時間領域の関数についての等式であるが，周波数領域でも成り立つ．

$$\sum_{n=-\infty}^{\infty} F(\omega - nW) = \frac{1}{W} \sum_{n=-\infty}^{\infty} e^{i\frac{2\pi n\omega}{W}} 2\pi f(-2\pi n/W) \tag{5.222}$$

右辺の係数や引数の符号が違っているのは，逆 Fourier 変換の公式が $2\pi f(t) = \int_{-\infty}^{\infty} d\omega e^{i\omega t} F(\omega)$ と定義されるからである．$W = 2\pi/T$ であるから，

$$\sum_{n=-\infty}^{\infty} F(\omega - nW) = T \sum_{n=-\infty}^{\infty} e^{-inT\omega} f(nT) \tag{5.223}$$

と書き換えられる．

さて，標本化定理の証明をしよう．W を周期とする周期関数 $F_S(\omega)$ を $|\omega| \leq W/2$ においては $F(\omega) = F_S(\omega)$ が成り立つように定義する．拡張する．このことを「周期接続」するという．$F_S(\omega)$ は次のように表せる．

$$F_S(\omega) = \sum_{n=-\infty}^{\infty} F(\omega - nW) \tag{5.224}$$

(5.223) より，

$$F_S(\omega) = T \sum_{n=-\infty}^{\infty} e^{-inT\omega} f(nT) \tag{5.225}$$

したがって,

$$\begin{aligned}
f(t) &= \int_{-\infty}^{\infty} \frac{d\omega}{2\pi} e^{i\omega t} F(\omega) = \int_{-W/2}^{W/2} \frac{d\omega}{2\pi} e^{i\omega t} F_S(\omega) = \int_{-W/2}^{W/2} \frac{d\omega}{2\pi} e^{i\omega t} T \sum_{n=-\infty}^{\infty} e^{-inT\omega} f(nT) \\
&= \frac{T}{2\pi} \sum_{n=-\infty}^{\infty} f(nT) \int_{-W/2}^{W/2} d\omega e^{i\omega(t-nT)} = \frac{T}{2\pi} \sum_{n=-\infty}^{\infty} f(nT) \left[\frac{e^{i\omega(t-nT)}}{i(t-nT)} \right]_{-W/2}^{W/2} \\
&= \frac{1}{W} \sum_{n=-\infty}^{\infty} f(nT) \frac{e^{iW(t-nT)/2} - e^{-iW(t-nT)/2}}{i(t-nT)} \\
&= \sum_{n=-\infty}^{\infty} f(nT) \frac{2i \sin\{W(t-nT)/2\}}{iW(t-nT)} = \sum_{n=-\infty}^{\infty} f(nT) \frac{\sin\{\pi(t-nT)/T\}}{\pi(t-nT)/T}
\end{aligned}$$

(5.226)

(証明終)

5.3.2 離散 Fourier 変換

標本化定理の証明の核心は,有限区間でのみ値をもつ Fourier 変換 $F(\omega)$ をすべての角振動数軸へ「周期接続」することにある.つまり,周期 W の周期関数

$$F_S(\omega) \equiv \sum_{n=-\infty}^{\infty} F(\omega - nW) \tag{5.227}$$

を Fourier 級数展開することにより,

$$F_S(\omega) = T \sum_{n=-\infty}^{\infty} e^{-i\omega nT} f(nT) \tag{5.228}$$

を得たのだった.この式は $|\omega| \leq W/2$ において $F(\omega)$ に一致するが, $F(\omega)$ が区間 $0 \leq \omega \leq W$ でのみ値をもつ関数とみてもこの式は成り立ち,標本化定理も成り立つ.周期関数 $F_S(\omega)$ の 1 周期分を原点中心の区間にとるか,点 $\omega = W/2$ 中心の区間にとるかの違いに過ぎない.よって以下では,区間 $0 \leq \omega \leq W$ をとることとしよう.すると,この区間を N 等分する点

$$\omega = mW/N \ (m = 0, 1, \cdots, N-1) \tag{5.229}$$

における「標本点」$F(mW/N)$ は

$$F(mW/N) = F_S(mW/N) = T \sum_{n=-\infty}^{\infty} e^{-imnWT/N} f(nT) \qquad (5.230)$$

となる．ここまでは，$f(t)$ が帯域制限信号であれば厳密に成り立つ．そこで，$f(t)$ も時間軸における「帯域制限信号」であると仮定しよう．つまり，

$$f(t) = 0 \ (t < 0, NT \leqq t) \qquad (5.231)$$

とする．このとき，時間軸の区間 $[0, NT]$ の N 等分点

$$t = kT \ (k = 0, 1, \cdots, N-1) \qquad (5.232)$$

における標本点 $f(kT)$ $(k = 0, 1, \cdots, N-1)$ と「標本点」$F(nW)$ $(n = 0, 1, \cdots, N-1)$ を結びつける変換が求めたい離散 Fourier 変換である．

ここで，ひとつ重要な注意をしておこう．$F(\omega)$ がある有限区間 (幅 $W = 2\pi/T$) のみで値をもつことと $f(t)$ がある有限区間 (幅 NT) のみで値を持つことは一般に両立しない．一般に，信号が時間領域で幅 ΔT に局在すると，その周波数成分である Fourier 変換 $F(\omega)$ は周波数領域で広がりをもつ関数になり，逆に周波数成分 $F(\omega)$ が周波数領域で幅 ΔW に局在すると，時間成分 $f(t)$ は時間領域で広がりをもつ関数になる．例えば極端な例で，$f(t) = \delta(t)$ という原点に集中的に局在した時間の関数の周波数成分は，

$$F(\omega) = \int_{-\infty}^{\infty} dt \, e^{-i\omega t} \delta(t) = 1 \qquad (5.233)$$

となり，強さ一定で周波数領域全体に広がっている．これは，いわゆる不確定性原理

$$\Delta T \Delta W \geqq \frac{1}{2} \qquad (5.234)$$

が成り立つからである．一つの信号の時間成分と周波数成分の両方の関数がともに有限区間でのみ値を持つことは近似的にしか成り立たない．

さて，(5.230) に (5.231) を使うと，$W = 2\pi/T$ に注意して，

$$\frac{1}{T} F\left(\frac{2\pi m}{NT}\right) = \sum_{n=0}^{N-1} e^{-i2\pi mn/N} f(nT) \ (n = 0, 1, \cdots, N-1) \qquad (5.235)$$

5.3 離散 Fourier 変換

この左辺 $F(mW/N)/T$ は，$f(t)$ の Fourier 変換を T で割ったものの標本点であり，$f(t)$ の N 個の標本点から決まる量である．これを $f(t)$ の離散 Fourier 変換という．

次に，$f(t) = 0$ $(t < 0, NT \leqq t)$ であるから $f(t)$ を周期関数に拡張した

$$f_S(t) = \sum_{n=-\infty}^{\infty} f(t - nNT) \tag{5.236}$$

を考えよう．これを Fourier 級数展開すると，$\Omega = 2\pi/NT$ とおいて，

$$f_S(t) = \sum_{n=-\infty}^{\infty} c_n e^{in\Omega t} \tag{5.237}$$

その展開係数 c_n は，$f(t) = 0$ $(t < 0, NT \leqq t)$ に注意して，

$$\begin{aligned} c_n &= \frac{1}{NT} \int_0^{NT} dt e^{-in\Omega t} f_S(t) = \frac{1}{NT} \int_{-\infty}^{\infty} dt e^{-in\Omega t} f(t) \\ &= \frac{1}{NT} F(n\Omega) \end{aligned} \tag{5.238}$$

であるから，$0 \leqq t < NT$ のとき，

$$f(t) = f_S(t) = \frac{1}{NT} \sum_{n=-\infty}^{\infty} F(n\Omega) e^{in\Omega t} \tag{5.239}$$

さらに，$\Omega = 2\pi/NT = W/N$, $F(\omega) = 0$ $(\omega < 0, N\Omega = W \leqq \omega)$ に注意して，

$$f(t) = \frac{1}{NT} \sum_{n=0}^{N-1} F(n\Omega) e^{in\Omega t} = \frac{1}{N} \sum_{n=0}^{N-1} \frac{1}{T} F\left(\frac{2\pi n}{NT}\right) e^{i2\pi nt/NT} \tag{5.240}$$

そこで，$t = kT$ $(k = 0, 1, \cdots, N-1)$ とおくと，

$$f(kT) = \frac{1}{N} \sum_{n=0}^{N-1} \frac{1}{T} F\left(\frac{2\pi n}{NT}\right) e^{i2\pi nk/N} \quad (k = 0, 1, \cdots, N-1) \tag{5.241}$$

$F(2\pi n/NT)/T$ $(n = 0, 1, \cdots, N-1)$ は離散 Fourier 変換 (5.235) であったから，これを逆離散 Fourier 変換と定義する．

少し記号の変更をして，まとめておこう．

$$f_k = f(kT) \quad F_n = \frac{1}{T} F\left(\frac{2\pi n}{NT}\right) \quad W_N = e^{-\frac{i2\pi}{N}} \tag{5.242}$$

とおくと，離散 Fourier 変換 (Discrete Fourier Transform)，略して DFT は

$$\mathrm{DFT}: F_n = \sum_{k=0}^{N-1} f_k W_N^{nk} \quad (n = 0, 1, \cdots, N-1) \tag{5.243}$$

で定義され，逆離散 Fourier 変換 (Inverse Discrete Fourier Transform)，略して IDFT は

$$\mathrm{IDFT}: f_k = \frac{1}{N} \sum_{n=0}^{N-1} F_n W_N^{-nk} \quad (k = 0, 1, \cdots, N-1) \tag{5.244}$$

で定義される．ここで，$f_k = f(kT)$ は NT を，$F_n = F(nW/N)/T = F(2\pi n/NT)/T$ は $W = 2\pi/T$ をそれぞれ周期とする．

5.3.3 高速 Fourier 変換

信号を計算機で解析する場合，計算機は実数を文字通り正確に扱えないので，連続的な Fourier 変換の代わりに離散的な DFT が用いられる．信号が幅 W の帯域制限信号か，またはそうなるように低域フィルタ（ある周波数以上の周波数成分をカットする）ならば，時間軸の標本化間隔を $T = 2\pi/W$ より小さくとることにより，元の信号のもつ有意な情報はほとんど失われない．さらに，計算機はデジタル信号しか扱わないので，時間軸の離散化だけでなく，信号の強さも離散化する必要がある．これを「量子化」という．通常は 20 ビットほどで量子化を行うので，ほぼ連続的な信号の強さを扱っているとみてよい．

(5.243) を計算機でそのまま扱うと，$f_n \times W_N^{kn}$ $(k, n = 0, 1, \cdots, N-1)$ の乗算だけで N^2 回の計算量になる．$N = 2^{10} = 1024$ のとき，N^2 は 100 万を超える．そこで，この計算の手間を減らすことを考えよう．

(5.243) において，N が偶数なら，和の計算を偶数項と奇数項に分けるこ

とができる．

$$\begin{aligned}F_n &= \sum_{k=0}^{N-1} f_k W_N^{nk} = \sum_{k=0}^{N/2-1} f_{2k} W_N^{n(2k)} + \sum_{k=0}^{N/2-1} f_{2k+1} W_N^{n(2k+1)} \\ &= \sum_{k=0}^{N/2-1} f_{2k}(W_N^2)^{nk} + W_N^n \sum_{k=0}^{N/2-1} f_{2k+1}(W_N^2)^{nk}\end{aligned} \quad (5.245)$$

ここで，$W_N^2 = e^{-i2\pi/(N/2)} = W_{N/2}$ と書き直して，

$$F_n(0) = \sum_{k=0}^{N/2-1} f_{2k}(W_{N/2})^{nk}, \ F_n(1) = \sum_{k=0}^{N/2-1} f_{2k+1}(W_{N/2})^{nk} \quad (5.246)$$

とおくと，

$$F_n = F_n(0) + W_N^n F_n(1) \quad (5.247)$$

となる．F_n は f_k と W_N^{nk} の積の $k = 0, \cdots, N-1$ に関する和，$F_n(0)(F_n(1))$ は $f_{2k}(f_{2k+1})$ と $W_{N/2}^{nk}$ の積の $k = 0, \cdots, N/2-1$ に関する和となっていて，全く同じ形式になっている．

さらに $N = 2^m$ (m は正の整数) ならば，このような分解を m 回繰り返すことができ，そのとき和は $k = 0$ から $k = N/2^m - 1 = 0$ の唯 1 項になってしまう．1 回分解する毎に，$F_n(*)$ の $*$ の部分に偶数項の和なら 0 を，奇数項の和なら 1 を追記していくと，最終的に $F_n(*)$ は $f_0, f_1, \cdots, f_{N-1}$ のいずれかに一致する．例えば $N = 2^2 = 4$ のとき，

$$F_n = \sum_{k=0}^{3} f_k W_4^{nk} = F_n(0) + W_4^n F_n(1)$$

$$\begin{cases} F_n(0) = \sum_{k=0}^{1} f_{2k} W_2^{nk} = f_0 + W_2^n f_2 \\ F_n(1) = \sum_{k=0}^{1} f_{2k+1} W_2^{nk} = f_1 + W_2^n f_3 \end{cases}$$

$$\begin{cases} F_n(00) = f_0 \\ F_n(01) = f_2 \\ F_n(10) = f_1 \\ F_n(11) = f_3 \end{cases} \quad (5.248)$$

最後の4つの式で，分解毎にラベルとしてつけた $F_n(*)$ の $*$ の部分の 01 の並びを反転させたものは，f_n の添え字 n の2進表示になっていることに注意しよう．これはたまたまではなく，分解の数が増えても必ずこうなるので，bit reverse と呼ばれている．計算のアルゴリズムを図式化してみよう．

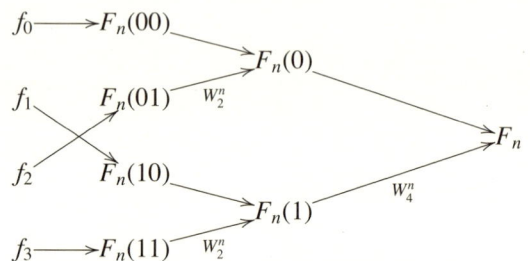

```
f_0 ─────→ F_n(00)
                    ╲
                     ╲→ F_n(0)
f_1      F_n(01)  W_2^n      ╲
    ╲  ╱                      ╲
     ╳                          → F_n
    ╱  ╲                      ╱
f_2      F_n(10)          W_4^n
                     ╱→ F_n(1)
                    ╱
f_3 ─────→ F_n(11)  W_2^n
```

この図において，矢印は加算演算を表す．すなわち，始点にある数を終点にある数に加えることを意味する．ここで，矢印の下に W_M^n があればそれを乗算して加える．また，この図はある $n(=0,1,\cdots,N-1)$ に関するものである．すべての n について入力値は同じで，図式の構造も，矢印の下にある数 W_M^n を除いて，n に依存しない．ところで，$W_M^n = e^{-i2\pi n/M}$ ($n=0,1,\cdots,N-1; M=2,2^2,\cdots,2^m=N$) が n によって変化する場合，もし $M<N$ なら W_M^n の異なる値は M 通りなので，$n<n'$, $W_M^n = W_M^{n'}$ となる場合がある．このとき，$W_2^{n'}$ から $W_M^{n'}$ までの図の構造はすでに計算済みの W_2^n から W_M^n までの図の構造と全く同じなので，$F_{n'}$ を求める計算にすでに求めた F_n の計算をそのまま使いまわすことができる．このことに注意しておこう．

$N=4$ の場合の図を使って，入力値 f_0, f_1, f_2, f_3 から出力値 $F_n = F_n(0) + W_4^n F_n(1) = f_0 + W_2^n f_2 + W_4^n(f_1 + W_2^n f_3)$ ($n=0,1,2,3$) を計算する手間がどの程度であるかを考えてみよう．$W_N^n = e^{-i2\pi n/N}$ ($n=0,1,\cdots,N-1$) は予め計算されているものとし，計算機は加算よりも乗算に手間がかかるので，入力値 f_k と W_N^n の乗算の計算回数のみカウントすることにする．

まず，f_0, f_1, f_2, f_3 を bit reverse して f_0, f_2, f_1, f_3 とする．

次に，
$$F_n(0) = f_0 + W_2^n f_2, \ F_n(1) = f_1 + W_2^n f_3 \tag{5.249}$$

を計算するとき，それぞれの式では1回の乗算がある．$n = 0, 1, 2, 3$ に対して式は8つあることになるが，W_2^n の周期性のために $n = 0, 1$ に対してだけ計算すればよい．例えば $n = 3$ のこの段階の計算は $n = 1$ のときにすでに行っている．なぜなら，

$$F_3(0) = f_0 + W_2^3 f_2 = f_0 + W_2^1 f_2 = F_1(0)$$
$$F_3(1) = f_1 + W_2^3 f_3 = f_1 + W_2^1 f_1 = F_1(1)$$
(5.250)

が成り立つからだ．この2つの等式は結局 $W_2^3 = e^{-i6\pi/2} = e^{-i2\pi/2} = W_2^1$ に帰する．こうして，この段階で計算に用いる乗算は $n = 0, 1$ のときのそれぞれ2つの式，計4つの式を計算するときの乗算の4回である．次に，$F_n(0), F_n(1)$ から

$$F_n = F_n(0) + W_4^n F_n(1) \ (n = 0, 1, 2, 3)$$
(5.251)

を計算するとき，それぞれの式ではやはり1回の乗算があるので，4つの式を計算するので乗算は4回である．こうして，合計 $4 \times 2 = 8$ 回の乗算が必要になる．

$N = 4$ のときは分割数 m を用いて $Nm = 8$ 回と考えることができる．各分割の段階ではすべて N 回の乗算が必要だということである．これは分割を増やしても同じだろうか．$m = 3$ のとき，すなわち $N = 2^m = 8$ のときを

考えてみよう．

$$F_n = \sum_{k=0}^{7} f_k W_8^{nk} = F_n(0) + W_8^n F_n(1)$$

$$\begin{cases} F_n(0) = \sum_{k=0}^{3} f_{2k} W_4^{nk} = F_n(00) + W_4^n F_n(01) \\ F_n(1) = \sum_{k=0}^{3} f_{2k+1} W_4^{nk} = F_n(10) + W_4^n F_n(11) \end{cases}$$

$$\begin{cases} F_n(00) = \sum_{k=0}^{1} f_{4k} W_2^{nk} = f_0 + W_2^n f_4 \\ F_n(01) = \sum_{k=0}^{1} f_{4k+2} W_2^{nk} = f_2 + W_2^n f_6 \\ F_n(10) = \sum_{k=0}^{1} f_{4k+1} W_2^{nk} = f_1 + W_2^n f_5 \\ F_n(11) = \sum_{k=0}^{1} f_{4k+3} W_2^{nk} = f_3 + W_2^n f_7 \end{cases}$$

$$\begin{cases} F_n(000) = f_0 \\ F_n(001) = f_4 \\ F_n(010) = f_2 \\ F_n(011) = f_6 \\ F_n(100) = f_1 \\ F_n(101) = f_5 \\ F_n(110) = f_3 \\ F_n(111) = f_7 \end{cases}$$

(5.252)

5.3 離散 Fourier 変換

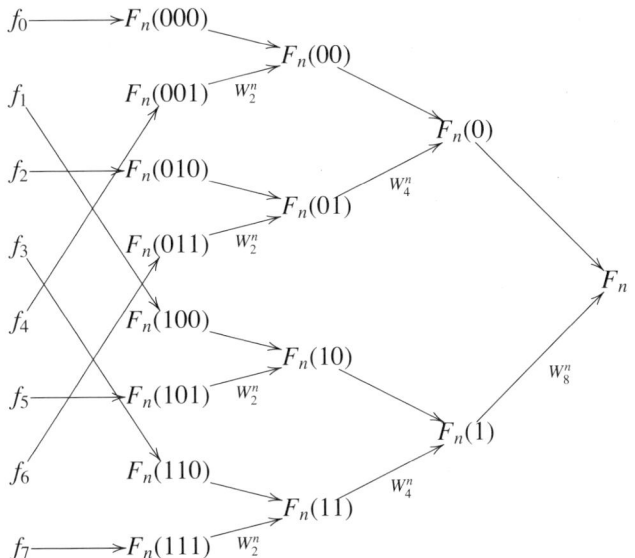

```
f_0 ──────▶ F_n(000)
                        ╲
                         ▶ F_n(00)
f_1          F_n(001)   W_2^n
                                ╲
                                 ▶ F_n(0)
f_2 ──────▶ F_n(010)            W_4^n
                        ╲
                         ▶ F_n(01)
f_3          F_n(011)   W_2^n
                                            ▶ F_n
f_4          F_n(100)                       W_8^n
                        ╲
                         ▶ F_n(10)
f_5 ──────▶ F_n(101)   W_2^n
                                ╲
                                 ▶ F_n(1)
f_6          F_n(110)           W_4^n
                        ╲
                         ▶ F_n(11)
f_7 ──────▶ F_n(111)   W_2^n
```

1 段目の計算では W_2^n の周期性から $n = 0, 1$ のときの $F_n(00), F_n(01), F_n(10), F_n(11)$ を $4 \times 2 = 8$ 個を計算して乗算 8 回, 2 段目では W_4^n の周期性から $n = 0, 1, 2, 3$ のときの $F_n(0), F_n(1)$ を $2 \times 4 = 8$ 個を計算して乗算 8 回, 3 段目では F_n ($n = 0, 1, \cdots, 8$) の 8 個を計算して乗算 8 回, 合計 $8 \times 3 = 24$ 回の乗算になる. これが Nm であることはもう明白だろう.

一般に $N = 2^m$ のとき, 合計 $Nm = N \log_2 N$ 回の乗算で計算できることになる. これは, 正直に DFT を計算するときの N^2 に比べると, 大変効率のよい計算アルゴリズムになっている. このように, 偶数項と奇数項に分割して $W_M^n = e^{-i2\pi n/M}$ ($M = 2, 2^2, \cdots, 2^{\log_2 N}$) の周期性を利用すれば, 例えば $N = 2^{10} = 1024$ のとき N^2 は 100 万回を超えるのが, $N \log_2 N = 2^{10} \times 10 = 2048$ と 2000 回程度にまで手間は減る. さらに, 性質 $W_M^{M/2+k} = e^{-i2\pi(M/2+k)/M} = e^{-i\pi} e^{-i2\pi k/M} = -W_M^k$ ($k = 0, 1, \cdots, M/2 - 1$) や, $f(t)$ が実数値関数ならば性質 $F_{N-n} = F_n^*$ により, さらに計算量を減らすことができる.

このような高速な計算アルゴリズムで離散 Fourier 変換を計算する場合, DFT は, 高速 Fourier 変換 (Fast Fourier Transform), 略して FFT と呼ばれる.

第6章
重力の数理

「20世紀の人」に選ばれた物理学者 Albert Einstein の最も有名な業績は重力理論の完成である．Einstein は量子力学や統計力学などにも基本的な貢献をしたが，Einstein の重力理論，すなわち一般相対性論は，時空の幾何学的な性質そのものを重力場ととらえ，重力場が時空に存在する物質や場と相互作用するという理論である．これによって，宇宙の創成や終末を科学的に議論できるようになった．

Einstein の重力理論は，Riemann 幾何学を使って書かれているが，Einstein が重力場を記述するために Riemann 幾何学を作ったのではない．また Reimann も，重力理論のために Riemman 幾何学を作ったわけではない．Einstein の重力に対するアイデアを理論展開するために非常にマッチした幾何学がまさに Riemann 幾何学だったのであり，Einstein の友人 Grossmann が Riemann 幾何学のことを Einstein に教えたのである．

ここでは，Einstein の重力理論を詳細に展開することはしない．その理論に使われている Riemann 幾何学を使って，簡単な事実を確認する．Einstein の重力理論を使うことにより，ブラックホールや宇宙の動力学を展開することができるが，一般の人々にはそのような話を数式を用いてやってもなかなか実感がわかない．そこで，自明ともいえる簡単な事柄を，Riemann 幾何学の道具を使って説明してみる．大掛かりなこの理論が簡単な現実を記述することを見ることによって，この理論が宇宙の現実を記述しうる理論だということをほんの少しだけ想像してみよう．

時空に座標系を設けると，時空の幾何学的性質は，時空座標 x^μ の関数と

して計量

$$g_{\mu\nu}(x) \tag{6.1}$$

によってきまる．また，時空における点 x と点 $x+dx$ の間の距離 ds は

$$ds^2 = g_{\mu\nu}(x)dx^\mu dx^\nu \tag{6.2}$$

によって定義される．ここで，添え字で同じものが上下に現れたら和をとる．これは採用した座標系に依存しない，すなわち一般座標変換に対して不変な量とする．(6.1) は重力場のポテンシャルとも呼ばれる．一般相対性論では，時空の幾何学的性質そのものが重力場という形で物質や場と相互作用すると考えるのである．

Section 6.1
測地線方程式と曲率テンソル

重力場の中の粒子の軌道は，方程式

$$\frac{d^2 x^\lambda}{d\tau^2} + \Gamma^\lambda_{\rho\sigma}\frac{dx^\rho}{d\tau}\frac{dx^\sigma}{d\tau} = 0 \tag{6.3}$$

によって決まる．Cristoffel の記号 $\Gamma^\lambda_{\rho\sigma} = \Gamma^\lambda_{\sigma\rho}$ は，計量 (6.1) の微分から次のように定義される：

$$\Gamma^\lambda_{\rho\sigma} = \frac{1}{2}g^{\lambda\tau}\left(\frac{\partial g_{\tau\sigma}}{\partial x^\rho} + \frac{\partial g_{\tau\rho}}{\partial x^\sigma} - \frac{\partial g_{\rho\sigma}}{\partial x^\tau}\right) \tag{6.4}$$

これが Newton 力学における重力を拡張したものである．また τ は，重力場の中の物体の軌道 $x = x(\tau)$ を記述するパラメータで，一般座標変換に対して不変な量である．普通は世界距離 ds を光速 c で割った量をとり，これを物体の固有時という ($ds = cd\tau$)．この方程式は，重力場の中の 2 点間の

経路長を極小にするという原理から導かれるもので，測地線方程式と呼ばれる．さらに，Riemann-Cristoffel の曲率テンソル $R^{\alpha}{}_{\beta\mu\nu}$ を

$$R^{\alpha}{}_{\beta\mu\nu} \equiv (\Gamma^{\alpha}_{\beta\nu})_{,\mu} - (\Gamma^{\alpha}_{\beta\mu})_{,\nu} + \Gamma^{\alpha}_{\rho\mu}\Gamma^{\rho}_{\beta\nu} - \Gamma^{\alpha}_{\rho\nu}\Gamma^{\rho}_{\beta\mu} \tag{6.5}$$

で定義する．ここで記号 $,_{\mu}$ は x_{μ} で偏微分することを表す．この成分がすべて 0 であることが時空が平坦であることの条件である．したがって，曲率テンソルは時空の曲がりを表している．

　重力場 (6.4) がある時空は曲がっているので，粒子が測地線方程式 (6.3) によって決まる軌道を「まっすぐ」に進む様子を外から観測すると軌道が曲がってみえる．このことを粒子は重力によって曲がるのだと解釈するのである．

　(6.5) は時空に存在する物質や場のエネルギー運動量テンソル $T^{\mu\nu}$ とともに Einstein 方程式

$$R^{\mu\nu} - \frac{1}{2}Rg^{\mu\nu} = \frac{8\pi G}{c^4}T^{\mu\nu} \tag{6.6}$$

に従う．c, G はそれぞれ光速，万有引力定数であり，4 階曲率テンソルを一回縮約（上下の添え字の対を同じにして和を取る）からつくった 2 階対称テンソル $R_{\nu\sigma} \equiv R^{\mu}{}_{\nu\mu\sigma}$ を Ricci テンソル，さらに Ricci テンソルを縮約したスカラー $R \equiv g^{\nu\sigma}R_{\nu\sigma} = R^{\nu}{}_{\nu}$ を Ricci スカラまたはスカラ曲率という．

Section 6.2
具体的計算

簡単な場合に測地線方程式を解き，曲率テンソルを計算してみよう．

平坦な時空

計算が簡単で済むように 2 次元で考える．

通常の XY 直線座標系がとれる時空は平坦であるといわれる．実際計量は

$$ds^2 = dX^2 + dY^2, \quad (g_{\mu\nu}) = (g^{\mu\nu}) = \begin{pmatrix} 1 & 0 \\ 0 & 1 \end{pmatrix} \tag{6.7}$$

となり，$\partial g_{\mu\nu}/\partial x^\sigma$ の斉一次形式でかかれた Cristoffel 記号は 0 で，Cristoffel 記号とその微分の斉二次形式でかかれた曲率テンソルも 0 である．曲率テンソルの成分がすべて 0 であることが時空が平坦であるための条件であった．また，測地線方程式は直ちに解けて，

$$\frac{d^2 x^\lambda}{d\tau^2} = 0$$
$$x^\lambda = a^\lambda \tau + b^\lambda, \quad \begin{cases} X = a^1 \tau + b^1 \\ Y = a^2 \tau + b^2 \end{cases} \tag{6.8}$$

となり，これは直線を表す．

このように，平坦な時空にはまっすぐな直線座標系を設けるのが一番である．平坦でなければ，すなわち曲った時空には曲がり方に応じた曲線座標系を設けるとよい．しかし，これはあくまで座表計算が便利になるようにという実用的な要求であって，平坦であろうと曲がっていようと直線座標系でも曲線座標系でもよい．例えば平坦な時空で曲線座標系を設けても，曲率テンソルはすべて 0 であり，測地線は直線になる．

(6.6) のように任意の座標系でかいてもすべて同じ形をしているのが物理法則であり，逆に，座標系に依存しない物理法則は (6.6) のような形式に表すことができるはずである．物理法則の定式化にベクトル形式やテンソル形式が選ばれるのは，まさにこの事情による．

一般相対性論や Riemann 幾何学に初めて触れる人にとって，テンソルによる物理法則の定式化の利点がなかなか理解されないことがある．そこで，ここでは敢えて平坦な時空に曲線座標を設けてみよう．そうしても，曲率テンソルが 0 になり，測地線が直線になることが導ければ，なぜ，一般相対性理論の考え方を表現するのに Riemann 幾何学という高度な数学をもちいらなければならないのかが納得できるのではないだろうか．

6.2 具体的計算

典型的な曲線座標として極座標を設けると，直線直交座標 (X, Y) と極座標 (r, θ) には次の変換公式が成り立つ：

$$X = r\cos\theta, Y = r\sin\theta \tag{6.9}$$

これから，

$$dX = dr\cos\theta + rd(\cos\theta) = dr\cos\theta - d\theta\sin\theta$$
$$dY = dr\sin\theta + rd(\sin\theta) = dr\sin\theta + d\theta\cos\theta$$
$$\therefore ds^2 = dX^2 + dY^2 \tag{6.10}$$
$$= (dr\cos\theta - d\theta\sin\theta)^2 + (dr\sin\theta + d\theta\cos\theta)^2$$
$$= dr^2 + r^2 d\theta^2$$

$$(g_{\mu\nu}) = \begin{pmatrix} 1 & 0 \\ 0 & r^2 \end{pmatrix}, \quad (g^{\mu\nu}) = (g_{\mu\nu})^{-1} = \begin{pmatrix} 1 & 0 \\ 0 & 1/r^2 \end{pmatrix} \tag{6.11}$$

このように，計量そのものは定数でなくなる．すると，これから導かれる Cristoffel 記号や曲率テンソルも定数でないように感じられるが，時空が平坦であるなら，いかなる座標系を設けようとも平坦なものは平坦なのである．このこと，すなわち曲率テンソルの成分がすべて 0 であること，さらに測地線方程式が直線になることを直接計算して確かめてみよう．

まず Cristoffel 記号 (6.4) を計算する．このとき，$g_{11} = g^{11} = 1$ は定数，$g_{12} = g_{21} = g^{12} = g^{21} = 0$, $g_{22} = r^2, g^{22} = 1/r^2$ は $x^1 = r$ にしか依存しない

ことに注意する.

$$\Gamma^1_{11} = \frac{1}{2}g^{1\sigma}(2g_{\sigma 1,1} - g_{11,\sigma}) = g^{1\sigma}g_{\sigma 1,1} = g^{11}g_{11,1} = 0$$

$$\Gamma^1_{12} = \Gamma^1_{21} = \frac{1}{2}g^{1\sigma}(g_{\sigma 1,2} + g_{\sigma 2,1} - g_{12,\sigma})$$

$$= \frac{1}{2}g^{1\sigma}g_{\sigma 2,1} = \frac{1}{2}g^{11}g_{12,1} = 0$$

$$\underline{\Gamma^1_{22}} = \frac{1}{2}g^{1\sigma}(2g_{\sigma 2,2} - g_{22,\sigma})$$

$$= g^{1\sigma}g_{\sigma 2,2} - \frac{1}{2}g^{1\sigma}g_{22,\sigma} = g^{11}g_{12,2} - \frac{1}{2}g^{11}g_{22,1}$$

$$= -\frac{1}{2}g^{11}g_{22,1} = -\frac{1}{2}\frac{\partial r^2}{\partial r} = \underline{-r} \tag{6.12}$$

$$\Gamma^2_{11} = \frac{1}{2}g^{2\sigma}(2g_{\sigma 1,1} - g_{11,\sigma}) = g^{2\sigma}g_{\sigma 1,1} = g^{22}g_{21,1} = 0$$

$$\underline{\Gamma^2_{12}} = \underline{\Gamma^2_{21}} = \frac{1}{2}g^{2\sigma}(g_{\sigma 1,2} + g_{\sigma 2,1} - g_{12,\sigma})$$

$$= \frac{1}{2}g^{2\sigma}g_{\sigma 2,1} = \frac{1}{2}g^{22}g_{22,1} = \frac{1}{2}\frac{1}{r^2}\frac{\partial r^2}{\partial r} = \underline{\frac{1}{r}}$$

$$\Gamma^2_{22} = \frac{1}{2}g^{2\sigma}(2g_{\sigma 2,2} - g_{22,\sigma}) = -\frac{1}{2}g^{2\sigma}g_{22,\sigma} = -\frac{1}{2}g^{22}g_{22,2}$$

$$= 0$$

0 でない Cristoffel 記号は $\Gamma^1_{22} = -r, \Gamma^2_{12} = \Gamma^2_{21} = 1/r$ だけである. 曲率テンソル $R^\mu{}_{\nu\rho\sigma} = \Gamma^\mu_{\nu\sigma,\rho} - \Gamma^\mu_{\nu\rho,\sigma} + \Gamma^\mu_{\alpha\sigma}\Gamma^\alpha_{\nu\rho} - \Gamma^\mu_{\alpha\rho}\Gamma^\alpha_{\nu\sigma}$ は,

$$R^\mu{}_{\nu\rho\sigma} = \underline{\Gamma^\mu_{\nu\sigma,\rho} + \Gamma^\mu_{\alpha\sigma}\Gamma^\alpha_{\nu\rho}}_{(1)} - \underline{(\Gamma^\mu_{\nu\rho,\sigma} + \Gamma^\mu_{\alpha\rho}\Gamma^\alpha_{\nu\sigma})}_{(2)}$$

$$= \underline{<\sigma, \rho>}_{(1)} - \underline{<\rho, \sigma>}_{(2)} \tag{6.13}$$

とかけるから, ρ, σ に対して反対称性 $R^\mu{}_{\nu\rho\sigma} = -R^\mu{}_{\nu\sigma\rho}$ をもつことに注意すると,

$$R^\mu{}_{\nu 11} = R^\mu{}_{\nu 22} = 0$$

$$R^\mu{}_{\nu 12} = -R^\mu{}_{\nu 21} = \Gamma^\mu_{\nu 2,1} - \Gamma^\mu_{\nu 1,2} + \Gamma^\mu_{\alpha 1}\Gamma^\alpha_{\nu 2} - \Gamma^\mu_{\alpha 2}\Gamma^\alpha_{\nu 1} \tag{6.14}$$

6.2 具体的計算

よって，4つの $R^\mu{}_{\nu 12}$ のみ計算すればよい．まず，$\mu = 1$ のとき，

$$\begin{aligned}
R^1{}_{\nu 12} &= \Gamma^1_{\nu 2,1} - \Gamma^1_{\nu 1,2} + \Gamma^1_{\alpha 1}\Gamma^\alpha_{\nu 2} - \Gamma^1_{\alpha 2}\Gamma^\alpha_{\nu 1} \\
&= \Gamma^1_{\nu 2,1} - \Gamma^1_{\nu 1,2} + \Gamma^1_{11}\Gamma^1_{\nu 2} + \Gamma^1_{21}\Gamma^2_{\nu 2} - \Gamma^1_{12}\Gamma^1_{\nu 1} - \Gamma^1_{22}\Gamma^2_{\nu 1} \\
&= \frac{\partial \Gamma^1_{\nu 2}}{\partial r} - \Gamma^1_{22}\Gamma^2_{\nu 1} \\
&= \begin{cases} \frac{\partial \Gamma^1_{12}}{\partial r} - \Gamma^1_{22}\Gamma^2_{11} = 0 & (\nu = 1) \\ \frac{\partial \Gamma^1_{22}}{\partial r} - \Gamma^1_{22}\Gamma^2_{21} = \frac{\partial(-r)}{\partial r} + r(1/r) = -1 + 1 = 0 & (\nu = 2) \end{cases}
\end{aligned} \tag{6.15}$$

次に，$\mu = 2$ のとき，

$$\begin{aligned}
R^2{}_{\nu 12} &= \Gamma^2_{\nu 2,1} - \Gamma^2_{\nu 1,2} + \Gamma^2_{\alpha 1}\Gamma^\alpha_{\nu 2} - \Gamma^2_{\alpha 2}\Gamma^\alpha_{\nu 1} \\
&= \Gamma^2_{\nu 2,1} - \Gamma^2_{\nu 1,2} + \Gamma^2_{11}\Gamma^1_{\nu 2} + \Gamma^2_{21}\Gamma^2_{\nu 2} - \Gamma^2_{12}\Gamma^1_{\nu 1} - \Gamma^2_{22}\Gamma^2_{\nu 1} \\
&= \Gamma^2_{\nu 2,1} + \Gamma^2_{21}\Gamma^2_{\nu 2} = \frac{\partial \Gamma^2_{\nu 2}}{\partial r} + \Gamma^2_{21}\Gamma^2_{\nu 2} \\
&= \begin{cases} \frac{\partial \Gamma^2_{12}}{\partial r} + \Gamma^2_{21}\Gamma^2_{12} = \frac{\partial(1/r)}{\partial r} + (1/r)^2 = -\frac{1}{r^2} + \frac{1}{r^2} = 0 & (\nu = 1) \\ \frac{\partial \Gamma^2_{22}}{\partial r} + \Gamma^2_{21}\Gamma^2_{22} = 0 & (\nu = 2) \end{cases}
\end{aligned} \tag{6.16}$$

これですべての曲率テンソルの成分が0であることが確かめられた．

次に，測地線方程式 (6.3) を平面極座標系でとく．極座標系の Cristoffel 記号で0でない成分は，次の3つだけであった：

$$\Gamma^1_{22} = -r, \; \Gamma^2_{12} = \Gamma^2_{21} = \frac{1}{r} \tag{6.17}$$

測地線方程式 (6.3) は，s をパラメータとするとき，$u^1 = u^r = dr/ds, u^2 = u^\theta = d\theta/ds$ に対して，

$$\begin{aligned}
\frac{du^1}{ds} &= -\Gamma^1_{\nu\rho} u^\nu u^\rho = -\Gamma^1_{22} u^2 u^2 \\
\frac{du^2}{ds} &= -\Gamma^2_{\nu\rho} u^\nu u^\rho = -\Gamma^1_{12} u^1 u^2 - \Gamma^2_{21} u^2 u^1 = -2\Gamma^2_{12} u^1 u^2
\end{aligned} \tag{6.18}$$

となる．s を軌道の弧長とすると，これらは測地線の接線ベクトルの成分である．r, θ を s の未知関数とする二階連立非線形常微分方程式系

$$\frac{d^2r}{ds^2} = r\left(\frac{d\theta}{ds}\right)^2 \tag{6.19}$$

$$\frac{d^2\theta}{ds^2} = -\frac{2}{r}\frac{dr}{ds}\frac{d\theta}{ds} \tag{6.20}$$

となる．これを初期条件

$$r(0) = a,\ \theta(0) = 0;\ u^r(0) = \frac{dr(0)}{ds} = 0,\ u^\theta(0) = \frac{d\theta(0)}{ds} = \omega \tag{6.21}$$

の下に解いてみよう．ここに a, ω は正の定数である．パラメータ s を時間にとれば，これらの初期条件は，XY 直線座標系において X 軸の座標 a から Y 軸方向に速度 $a\omega$ で動き出した物体の軌道を定めることになる．平面は曲がっていないから，測地線は当然直線 $X = a$ になるはずである．

(6.20) すなわち $du^\theta/ds = -2u^r u^\theta/r$ の両辺 u^θ で割り，変形してゆくと，

$$\frac{1}{u^\theta}\frac{du^\theta}{ds} = -\frac{2}{r}u^r = -\frac{2}{r}\frac{dr}{ds},\ \frac{du^\theta}{u^\theta} = -\frac{2}{r}\frac{dr}{ds}ds = -2\frac{dr}{r}$$

$$\frac{du^\theta}{u^\theta} + 2\frac{dr}{r} = 0,\ \int \frac{du^\theta}{u^\theta} + 2\int \frac{dr}{r} = \text{定数} \tag{6.22}$$

$$\log|u^\theta| + 2\log r = \log|u^\theta r^2| = \text{定数},\ r^2 u^\theta = r^2 \frac{d\theta}{ds} = \text{定数}$$

ここで (6.21) より

$$r^2 u^\theta = a^2 \omega,\ \frac{d\theta}{ds} = \frac{a^2 \omega}{r^2} \tag{6.23}$$

となる．これを (6.19) に代入すると，

$$\frac{du^r}{ds} = r\left(\frac{a^2 \omega}{r^2}\right) = \frac{a^4 \omega^2}{r^3},\ u^r \frac{du^r}{ds} = \frac{a^4 \omega^2}{r^3}\frac{dr}{ds}$$

$$\frac{d}{ds}\left\{\frac{1}{2}(u^r)^2\right\} = a^4 \omega^2 \frac{d}{ds}\left\{\frac{1}{-2}r^{-2}\right\} = -\frac{1}{2}\frac{d}{ds}\left(\frac{a^4 \omega^2}{r^2}\right) \tag{6.24}$$

$$\frac{1}{2}\frac{d}{ds}\left\{(u^r)^2 + \frac{a^4 \omega^2}{r^2}\right\} = 0,\ \left(\frac{dr}{ds}\right)^2 + \frac{a^4 \omega^2}{r^2} = \text{定数}$$

ここで (6.21) より

$$\left(\frac{dr}{ds}\right)^2 + \frac{a^4\omega^2}{r^2} = 0^2 + \frac{a^4\omega^2}{a^2} = a^2\omega^2$$

$$\left(\frac{dr}{ds}\right)^2 = a^2\omega^2 - \frac{a^4\omega^2}{r^2} = \frac{a^2\omega^2}{r^2}(r^2 - a^2), \quad \frac{dr}{ds} = \pm\frac{a\omega}{r}\sqrt{r^2 - a^2} \quad (6.25)$$

$$\frac{rdr}{\sqrt{r^2 - a^2}} = \pm a\omega ds$$

ここで, $r \geqq a$ である必要があるから, $r = a\cosh t$ とおくと,

$$\frac{rdr}{\sqrt{r^2 - a^2}} = \frac{a\cosh t \, a\sinh t \, dt}{\sqrt{a^2(\cosh^2 t - 1)}} = \frac{a\cosh t \, a\sinh t \, dt}{a\sinh t} \quad (6.26)$$

$$= a\cosh t \, dt \therefore a\cosh t \, dt = \pm a\omega ds, \, d(\sinh t) = d(\pm\omega s)$$

ここで (6.21) より, $s = 0$ のとき $r = a\cosh t = a \iff t = 0$ であるから $\sinh t = \pm\omega s, \sinh(\pm t) = \omega s$. ここで改めて $\pm t$ を t とすれば, s が時間なら $t \geqq 0$ として

$$\sinh t = \omega s \, (s \geqq 0) \quad (6.27)$$

となる. これを用いて (6.23) を解く. (6.21) より $s = 0$ のとき $\theta = 0$ であることに注意して,

$$\frac{d\theta}{ds} = \frac{a^2\omega}{r^2} = \frac{a^2\omega}{a^2\cosh^2 t} = \frac{\omega}{\cosh^2 t} = \frac{\omega}{1 + \sinh^2 t} = \frac{\omega}{\omega^2 s^2 + 1}$$

$$\theta = \int_0^s \frac{\omega d\sigma}{1 + \omega^2\sigma^2} = \int_0^{\omega s} \frac{d(\omega\sigma)}{1 + (\omega\sigma)^2} = \arctan \omega s \quad (6.28)$$

$$\tan\theta = \omega s = \sinh t \, (t \geqq 0 \iff 0 \leqq \theta < \pi/2)$$

したがって,

$$r = a\cosh t = a\sqrt{1 + \sinh^2 t} = a\sqrt{1 + \tan^2\theta} = \frac{a}{\cos\theta} \quad (6.29)$$

$$r\cos\theta = a \, (0 \leqq \theta < \pi/2)$$

極座標 (r, θ) と直線座標 (X, Y) には $X = r\cos\theta, Y = r\sin\theta$ の関係があるから, $Y = r\sin\theta = r\tan\theta\cos\theta = a\omega s$ となり, この結果は半直線

$$\begin{cases} X = a \\ Y = a\omega s \, (s \geqq 0) \end{cases} \quad (6.30)$$

を与える．こうして，平面の測地線は直線 (図 6.1) という当たり前のこと

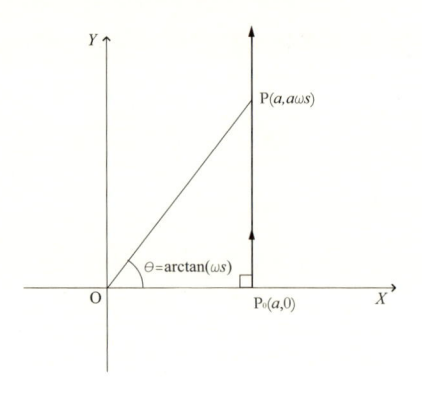

図 **6.1** 平面の測地線は直線である

が示された．

曲がった時空

半径 1 の球面は曲がった 2 次元空間である．球面に座標軸を引くには，緯度 θ と経度 φ を引けばよい．これは，平坦な 3 次元空間に埋め込まれた曲がった 2 次元球面を，半径 1 の球面と考え，平坦な 3 次元空間に球面極座標系 (r, θ, φ) を設けて，球面の半径を 1 とすると，球面上の点は，3 次元空間の直線座標 (X, Y, Z) の点として，

$$X = \sin\theta\cos\varphi, \; Y = \sin\theta\sin\theta, \; Z = \cos\theta \tag{6.31}$$

これから，

$$\begin{aligned} dX &= d(\sin\theta)\cos\varphi + \sin\theta d(\cos\varphi) \\ &= d\theta\cos\theta\cos\varphi - d\varphi\sin\theta\sin\varphi \\ dY &= d(\sin\theta)\sin\varphi + \sin\theta d(\sin\varphi) \\ &= d\theta\cos\theta\sin\varphi + d\varphi\sin\theta\cos\varphi \\ dZ &= -d\theta\sin\theta \end{aligned} \tag{6.32}$$

6.2 具体的計算

線素の 2 乗は,

$$ds^2 = dX^2 + dY^2 + dZ^2$$
$$= (d\theta \cos\theta \cos\varphi - d\varphi \sin\theta \sin\varphi)^2$$
$$+ (d\theta \cos\theta \sin\varphi + d\varphi \sin\theta \cos\varphi)^2$$
$$+ (-d\theta \sin\theta)^2$$
$$= d\theta^2 \cos^2\theta(\cos^2\varphi + \sin^2\varphi) + d\varphi^2 \sin^2\theta(\sin^2\varphi + \cos^2\varphi) \quad (6.33)$$
$$+ d\theta^2 \sin^2\theta$$
$$= d\theta^2 \cos^2\theta + d\varphi^2 \sin^2\theta + d\theta^2 \sin^2\theta$$
$$= d\theta^2(\cos^2\theta + \sin^2\theta) + d\varphi^2 \sin^2\theta$$
$$= d\theta^2 + d\varphi^2 \sin^2\theta$$

よって, 計量は

$$(g_{\mu\nu}) = \begin{pmatrix} 1 & 0 \\ 0 & \sin^2\theta \end{pmatrix}, \quad (g^{\mu\nu}) = (g_{\mu\nu})^{-1} = \begin{pmatrix} 1 & 0 \\ 0 & 1/\sin^2\theta \end{pmatrix} \quad (6.34)$$

これから Cristoffel 記号 (6.4) を計算しよう. このとき, $g_{11} = g^{11} = 1$ は定数, $g_{12} = g_{21} = g^{12} = g^{21} = 0$, $g_{22} = \sin^2\theta, g^{22} = 1/\sin^2\theta$ は $x^1 = \theta$ にしか依存しないことに注意する. これは平面極座標系の Cristoffel 記号と同様である. したがって, 次の 3 つの成分以外は 0 である.

$$\begin{aligned}\Gamma^1_{22} &= -\frac{1}{2}g^{11}g_{22,1} = -\frac{1}{2}\frac{\partial \sin^2\theta}{\partial\theta} = -\sin\theta\cos\theta \\ \Gamma^2_{12} &= \Gamma^2_{21} = \frac{1}{2}g^{22}g_{22,1} = \frac{1}{2}\frac{1}{\sin^2\theta}\frac{\partial \sin^2\theta}{\partial\theta} = \frac{\cos\theta}{\sin\theta}\end{aligned} \quad (6.35)$$

曲率テンソル $R^\mu{}_{\nu\rho\sigma}$ も，平面極座標系と同様，$R^1{}_{212} = -R^1{}_{221}, R^2{}_{112} = -R^2{}_{121}$ のみ計算すればよい：

$$\begin{aligned}
R^1{}_{212} &= \frac{\partial \Gamma^1_{22}}{\partial \theta} - \Gamma^1_{22}\Gamma^2_{21} \\
&= \frac{\partial(-\sin\theta\cos\theta)}{\partial\theta} + \sin\theta\cos\theta\frac{\cos\theta}{\sin\theta} \\
&= -\cos^2\theta + \sin^2\theta + \cos^2\theta = \sin^2\theta
\end{aligned}$$

$$R^1{}_{221} = -\sin^2\theta$$

$$\begin{aligned}
R^2{}_{112} &= \frac{\partial \Gamma^2_{12}}{\partial \theta} + \Gamma^2_{21}\Gamma^2_{12} \\
&= \frac{\partial}{\partial\theta}\left(\frac{\cos\theta}{\sin\theta}\right) + \left(\frac{\cos\theta}{\sin\theta}\right)^2 \\
&= \frac{-\sin^2\theta - \cos^2\theta}{\sin^2\theta} + \frac{\cos^2\theta}{\sin^2\theta} = \frac{-\sin^2\theta}{\sin^2\theta} = -1
\end{aligned}$$

$$R^2{}_{121} = 1$$

(6.36)

これら4成分以外はすべて0である．さらに，$R_{\nu\sigma} = R^1{}_{\nu 1 \sigma} + R^2{}_{\nu 2 \sigma} =$
$$\begin{cases} R^2{}_{121} = 1 & (\nu = \sigma = 1) \\ R^1{}_{212} = \sin^2\theta & (\nu = \sigma = 2), \quad R = g^{11}R_{11} + g^{22}R_{22} = 1\cdot 1 + (1/\sin^2\theta)\cdot\sin^2\theta = \\ 0 & (\text{otherwise}) \end{cases}$$
2となる．

こうして，曲がった球面の曲率テンソルの成分が0でないことが確かめられた．

平面の測地線が直線であったように，曲がった球面の測地線が大円であることを確認しておこう．やはり，測地線の方程式 (6.3) を解く．

球面極座標の Christoffel 記号で0でない成分は (6.35) の3つだけであった．測地線の方程式 (6.3) は，s をパラメータとするとき，$u^1 = u^\theta = d\theta/ds, u^2 = u^\varphi = d\varphi/ds$ に対して，θ, φ を s の未知関数とする二階連立非線形常微分方程式系

$$\frac{d^2\theta}{ds^2} = \sin\theta\cos\theta\left(\frac{d\varphi}{ds}\right)^2 \tag{6.37}$$

$$\frac{d^2\varphi}{ds^2} = -\frac{2\cos\theta}{\sin\theta}\frac{d\theta}{ds}\frac{d\varphi}{ds} \tag{6.38}$$

となる．これを初期条件

$$\theta(0) = \frac{\pi}{2},\ \varphi(0) = 0;\ u^\theta(0) = \frac{d\theta(0)}{ds} = 0,\ u^\varphi(0) = \frac{d\varphi(0)}{ds} = \omega \tag{6.39}$$

の下に解いてみよう．ここに ω は正の定数である．パラメータ s を時間にとれば，これらの初期条件は，赤道上に置かれた物体が φ 軸方向に角速度 ω で動き出すことを意味する．

(6.38) すなわち $du^\varphi/ds = -2u^\theta u^\varphi \cos\theta/\sin\theta$ の両辺 u^φ で割り，変形してゆくと，

$$\begin{aligned}
&\frac{1}{u^\varphi}\frac{du^\varphi}{ds} = -\frac{2\cos\theta}{\sin\theta}u^\theta = -\frac{2\cos\theta}{\sin\theta}\frac{d\theta}{ds},\ \frac{du^\varphi}{u^\varphi} = -2\frac{\cos\theta d\theta}{\sin\theta} \\
&= -2\frac{d(\sin\theta)}{\sin\theta} \\
&\frac{du^\varphi}{u^\varphi} + 2\frac{d(\sin\theta)}{\sin\theta} = 0,\ \int\frac{du^\varphi}{u^\varphi} + 2\int\frac{d(\sin\theta)}{\sin\theta} = \text{定数} \\
&\log|u^\varphi| + 2\log\sin\theta = \log|u^\varphi\sin^2\theta| = \text{定数},\ u^\varphi\sin^2\theta = \text{定数}
\end{aligned} \tag{6.40}$$

ここで (6.39) より

$$u^\varphi\sin^2\theta = \frac{d\varphi}{ds}\sin^2\theta = \omega \tag{6.41}$$

となる．これを (6.37) に代入すると，

$$\begin{aligned}
&\frac{du^\theta}{ds} = \sin\theta\cos\theta\left(\frac{\omega}{\sin^2\theta}\right)^2 = \frac{\omega^2\cos\theta}{\sin^3\theta},\ u^\theta\frac{du^\theta}{ds} = \omega^2\frac{\cos\theta}{\sin^3\theta}\frac{d\theta}{ds} \\
&\frac{d}{ds}\left\{\frac{1}{2}(u^\theta)^2\right\} = \omega^2\frac{d}{ds}\left(\frac{1}{-2}\sin^{-2}\theta\right) = -\frac{1}{2}\frac{d}{ds}\left(\frac{\omega^2}{\sin^2\theta}\right) \\
&\frac{1}{2}\frac{d}{ds}\left\{(u^\theta)^2 + \frac{\omega^2}{\sin^2\theta}\right\} = 0,\ \left(\frac{d\theta}{ds}\right)^2 + \frac{\omega^2}{\sin^2\theta} = \text{定数}
\end{aligned} \tag{6.42}$$

ここで (6.39) より

$$\left(\frac{d\theta}{ds}\right)^2 + \frac{\omega^2}{\sin^2\theta} = 0^2 + \frac{\omega^2}{\sin^2\pi/2} = \omega^2$$

$$0 \leqq \left(\frac{d\theta}{ds}\right)^2 = \omega^2\left(1 - \frac{1}{\sin^2\theta}\right) = -\omega^2\frac{\cos^2\theta}{\sin^2\theta} \leqq 0 \quad (6.43)$$

$$\therefore \frac{d\theta}{ds} = 0, \ \theta = \theta(0) = \frac{\pi}{2}$$

(6.41) に代入すると $d\varphi/ds = \omega$, (6.39) より $\varphi(0) = 0$ であるから,

$$\begin{cases} \theta = \dfrac{\pi}{2} \\ \varphi = \omega s \ (s \geqq 0) \end{cases} \quad (6.44)$$

となる. s を時刻パラメータとすると, 物体は赤道 $\theta = \pi/2$ 上を一定角速度 ω で動いていくことになる. こうして, 球面上の測地線は大円 (図 6.2) と

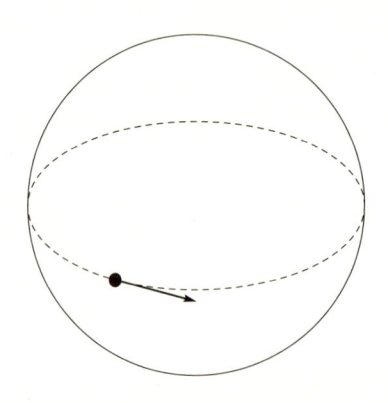

図 **6.2** 球面上の測地線は大円である

いう当たり前のことが示された

第Ⅱ部

数理的実務

第1部の数理的教養は，実社会での様々な理系的な分野，例えば，無線通信，信号処理，制御，コンピュータ，GPS などの基礎になっている．このような理系的分野だけでなく，文系の人たちが行う事務的業務にも数理的教養が活かされる分野がある．それは Office に導入されたパソコンで行う仕事である．パソコンはブラックボックス化が著しく，それを支える数理的構造が極力見えないようになっている．たとえ数理的部分が見えても，それは不具合によるエラーメッセージだったりするので非常に分かりにくい．とくに，プログラミングなどコマンドや数式を設定してパソコンを使いこなすことは一般ユーザーには敷居が高いこととされている．

　第2部では，第1部で解説した数学的内容を応用するのではなく，また，プログラミングやデータベースなどの技術的手法を用いるのでもなく，文系の人たちにも十分可能で，数理的手法を用いた実務を取り扱う．Office ソフトのメニュー操作またはリボン操作だけで具体的な実務をやり遂げようという意図がある．

第1章
Officeソフトの現状

　世に普及しているOfficeソフトはかなりの機能をもっている．ワープロ，表計算，データベース等々用途別にいくつかのソフトがあるが，単体だけでもそれなりのことができるうえ，連携して使うとさらに強力なツールになる．圧倒的なシェアをもつMicrosoft Officeはやはりそれだけのことはある．

　Microsoft Officeは有料だが，無料のOfficeソフトもある．有名なのはOpenOfficeだろう．Microsoft Officeとのファイル互換性や類似操作性が注目されるが，今一つ普及していないような気がする．機能的には十分なようだが，Microsoft Officeに慣れてしまうと，似ているとはいえなかなか移行する気にはならない．また，最近はクラウドコンピューティングが注目されているので，Microsoft Officeのようにローカルコンピュータにソフトをインストールするようなソフトの需要は今後少なくなるかもしれない．しかし，クラウド上で無料で使えるOfficeソフトの実力はMicrosoft Officeを凌駕するまでには至っておらず，少なくとも当分の間はこれまで通りにMicrosoft Officeはローカルコンピュータにインストールされ続けるだろう．

　かなり市民権を得たはずのOfficeソフトの強力な機能を使いこなしている人は，意外に少ない．せっかく高価な代金を払ってMicrosoft Officeを購入したのに，Wordを1ページの文書作成にしか使っていなかったり，Excelを作表用ワープロとしてしか使っていないならば実にもったいない．このような場合は，ユーザーが強力な機能そのものをよく知らないことが多いかもしれないが，仮にその強力な機能を知っても，その操作法が難しけれ

ばやはりその機能は使われることはない．Microsoft Office の場合，機能面ではもう充実してしまい，ここ 10 年のバージョンアップは主に操作面の改善が中心のような気がする．新機能を盛り込むよりも，すでにある機能を使いやすくして使ってもらう方が優先すべきなのは当然であろう．

使いやすいということは重要である．Word の強力な機能の一つに長文作成がある．本文作成だけでなく，アウトライン設計，図表番号づけ，目次・索引作成などを効率的に行うことができる．論文や本を書きたい場合，Word の操作になれれば，比較的簡単な操作で見栄えのする文書作成が可能である．しかし，そのまま本にして出版できるかというと実は簡単ではない．筆者の経験では，本の原稿を PDF(Portable Document Format) で入稿する場合，印刷側からの要求でよくわからないことが多かった．「フォントの埋め込み」，「トンボ出力」など，印刷業界特有の事情がたくさんあるらしい．それでも筆者のような印刷素人が入稿した PDF でなんとか出版できたのは，TeX というソフトを使ったからである．このソフトは組版ソフトと呼ばれるくらい，高品質な文書をつくることができ，数式の美しさでこれに勝るものはなく，数学や物理学などの論文では標準的な存在になっている．実際には，TeX そのものではなく，これを使いやすくした LaTeX というソフトを使った．しかし，Word に比べると LaTeX はインストールから使い方まで各段に難しくなる．初めて使う人ならマニュアルやガイドなしには不可能に近い．数学などの論文を書くのは基本的に学者であるから，そのような人たちは，LaTeX について，使う訓練を受けているか，自ら努力してマスターしているかのどちらかだから使うことができるのである．しかし，数学的論文などに全く縁のない人々は LaTeX を使う機会がない．子供たちに数学を教える教員ですら LaTeX のユーザーよりも Word の数式エディタのユーザーのほうが多い．こうして，文書の品質は Word よりも圧倒的に高品質なものが作成できるのに，Word に比べて使いにくいために LaTeX のほうが Word よりも普及しないという結果になる．

Office ソフトは開発環境も提供している．その開発者は決してコンピューターの専門家である必要はない．少し腰を据えて Office ソフトの開発環境

に取り組めば定型業務システム開発が可能なのである．Officeソフトにおいては，一般ユーザーのためにメニュー操作やリボン操作で強力機能が使えるように改良が加えられ続けられていると同時に，開発環境を提供してシステム開発をユーザー自身が行えるようにもしてあるのだ．これは，幅広いスキルのユーザーにOfficeソフトを使ってもらおうとするMicrosoftの戦略なのだろう．ただ，そのユーザー兼開発者は真の意味で専門家ではない．Officeソフトの開発環境はMicrosoftのVBAとほとんど同義語であり，ユーザー兼開発者はVBAマスターであり，何でもかんでも最初からVBAありきという姿勢が目立つ．このような開発者がMicrosoft Officeの開発環境で基幹業務システムを作ってしまった場合にはある不安が残る．もしその人が何らかの理由で職場からいなくなった場合，不具合がでたときなどのメンテナンスに他の人が手を出せなくなってしまい，基幹業務がストップする可能性がある．小規模職場では十分起こりうるので注意しよう．本書では，ユーザーはあくまでユーザーのままで業務を行うことを想定し，VBAの解説は全く行わない．

　WordやExcelはVBAを使わなくてもメニュー操作やリボン操作だけでかなりのことができることをまず知ろう．Wordの差し込み印刷やExcelのピボットテーブルはそのような強力機能の代表選手である．これらは使いこなしている人は重宝しているだろうが，一般的によく使われているとは言えない．

　一般ユーザーはなぜOfficeソフトの強力機能を使おうとしないのであろうか．答はやはり操作が分かりづらいからである．

　なぜ分かりづらくなっているかはいろいろ理由があるだろうが，一つはOfficeソフトが基本的に多目的の業務用であって，ある目的に特化した個人ホビー用ではないということだろう．Officeソフトが個人ホビー用なら，徹底的に使いやすさが要求され，使用者一人だけで一連の作業が完結するように作られている．設定も環境も特定の人が使いやすいようにつくられるだろう．Officeソフトが業務用であれば，複数の人々が共通の使い方をすることが前提となる．他のソフトと連携して業務拡大することも想定さ

れている．もし，Officeソフトの設定や環境が特定の個人向けにカスタマイズされていれば複数の人々で共有することが難しくなり，共通の手法で他のソフトと連携して業務拡大して複数の人々で使うということができなくなってしまいかねない．

　Officeソフトをこのような立場でとらえれれば，多少の使いにくさは当然なのかもしれない．

　さて，第2部ではOfficeソフトのWord, Excelを取り上げる．Excelは数理的な手法を使うのが一般的で，そのための解説書はたくさん出ている．一方Wordはユーザーは多いと考えられるが，Wordを数理的に使っている人はほとんどいないのではないだろうか．Excelのパワーユーザーでも Wordは単なるワープロとして使っている人が多いのではないだろうか（実はつい最近まで筆者がまさにそのようであった）．第2部ではWordの数理的使い方についても詳しく解説している．そのキーワードは「フィールド」である．

第2章
Officeソフトの標準機能

Section 2.1
Excelの外部データ取り込み機能

　Excelには外部データ取り込み機能という強力なデータベース機能があるが，一般にはあまり使われていないようである．複数のユーザーが一群のデータを共有して業務を行う場合，一般的にはデータベースソフトを使うが，データベースソフトは取扱が難しい場合が多い．ユーザーの多いExcelで同じようなことができないかと考えたとき，外部データ取り込み機能を重宝する．この機能を用いると，複数のExcelファイルから一つのExcelファイルにデータを瞬時に集約したり，逆に一つのExcelファイルのデータを複数のExcelファイルに瞬時に配布したりすることができる．そのやりとりの方法はコピー貼り付けのような手作業ではなくて，正確ですばやいデータのやりとりの仕組みで，データベースクエリともよばれる．Excelの表をデータベーステーブルのように扱い，Excelの別ファイルに行と列を切り出して必要な新たな表を作成する機能である．データベースクエリの正体はMicrosoft Queryであることからもわかるように，これはいわゆる選択クエリである．必要な行を取り出すことはレコードに抽出条件を設定すること，必要な列を取り出すことはフィールドを選択することにほかならない．将来データベースを使いこなすためにはまずクエリの扱いに慣れておかねばならない．

2.1.1 データベースクエリ

ある Excel ファイルのシートデータ（元データ）を別の Excel ファイルにリンクした状態で取り込む（先データ）．先データ用のファイルにおいて，「データ」タブ→「その他のデータソース」→「Microsoft Query」でウィザードに従う．Excel で初めてこの機能を使うなどのときに，列の選択ができないことがある．このようなときは，そのウィザードの画面のオプションで「システムテーブル」にチェックが入っているかどうか確認し，入っていなければチェックを入れて，入っているなら一旦外してもう一度チェックを入れ直すとよい．ウィザードではまず元データのシート名をクリックして，取り込みたい列を右側に移動する．

行と列を切り出したクエリを Excel の表として取り出す操作は非常に簡単である．元データが更新されれば，取り込み先データも更新ボタンで簡単に更新を反映できる．取り込み先ファイルを開くときに自動更新する設定にすることもできる．それは，「データ」タブの接続のプロパティで，「使用」タブで「ファイルを開くときにデータを更新する」をチェックしておけばよい．また，同じところで「定義」タブの接続文字列やコマンド文字列に取り込み元ファイルの絶対パスが記述されているので，ファイルの移動を行ったときはここを変更しておく必要がある．コマンド文字列はいわゆる SQL 文である．ウィザードで作成した表の場合，最も基本的な SQL 文「SELECT 文」ができあがっている．これを少し変更するだけでウィザードと同じことができる．

SELECT 選択列名 1, 選択列名 2, ⋯
FROM テーブル名
WHERE 行抽出条件
ORDER BY 並替列名 1, 並替列名 2, ⋯

Excel2007 の場合，データベースクエリはテーブルとして取り込まれる．テーブルがデータベース的な取り扱いがやりやすいように，データベース

クエリもそのような配慮がなされている．いくつかのファイルへ接続してそれぞれの接続からデータベースクエリをテーブルとして取り込むとき，一つのシートにまとめてしまってもよい．このとき，最初に複数のテーブルを重ならない位置に配置しておけば，その後のデータ更新によって行や列が変化しても，自動的に重ならない配置になる．これは意外と便利で，複数のデータベースクエリを視覚的に管理することができる．

さらに，テーブルとして取り込まれたデータベースクエリのいくつかの列から数式によって新しい列を追加してもよい．データ更新による行の変化にも自動的に数式が設定され，まるでデータベースソフトのクエリと同じようなことができるのである．ただし，このような細工をしてしまうと，接続のプロパティにおいて「定義」タブ→「クエリの編集」でウィザードを起こすことができなくなる．この場合は，「定義」タブのコマンド文字列を編集することになるが，SQL文の知識がないと難しいかもしれない．

2.1.2 データベースクエリの活用具体例

さて，複数の人が連携する調査書発行業務において，データベースクエリをどのように活用するかを解説しよう．全クラス分の調査書データ.xlsx（個人情報と科目履修情報・出欠情報など数値データが主）とｉクラスの調査書を発行するための調査書i.xlsxを準備し，この調査書i.xlsxにｉクラス分の所見データも入力する．調査書データにリンクしたデータベースクエリを調査書i.xlsxにそれぞれ作成する．(またはどれか一クラス分作成して複製を作る．) こうしておけば，更新される調査書データ.xlsxと同期したデータをｉクラス担当は保持できる．各ｉクラス担当は調査書i.xlsxを占有して使用でき，共有データと所見データから調査書発行を自由に行うことができる．定期的な学期毎データ更新や不定期の学籍異動や入力ミスによる共有データ更新は，すべて調査書データの方で一括管理し，各クラス担当はその最新データをデータベースクエリで共有できるわけである．一方所見データはｉクラス担当だけが管理し，共有する必要はない．

このようにデータベースクエリを使えば，複数ユーザーがデータを共有するというデータベース的業務がExcelでも可能になる．

Section 2.2
Wordのフィールド機能

Wordには，差し込み文書作成機能，目次・索引・図表番号・ページ番号・日付を挿入する機能があり，罫線機能で作った表をExcelワークシートのように使って簡単な表計算をすることもできる．これらはフィールドと呼ばれるものを使って実現されている．フィールドを使いこなしている一般ユーザーは少ないと思うので，調査書作成での具体的活用例で詳しく解説する．

2.2.1　フィールドとは何か

フィールドを一言で言い表すのは難しいが，あえて言えば情報を自動的に文書内に挿入する仕組みである．文書の作成日時，作成者などのメタ情報を引き出す，文書内のいくつかの情報から導き出される情報を表示する，文書内の文字配置を指定する，等々かなりのことができる．Wordの標準機能でよく使われるもの，例えば現在の日付の挿入，差し込み印刷，ルビなどもフィールド機能が使われている．

本書のテーマである調査書をWordで大量に印刷するためには，数百人分の大量データの蓄積と一人ひとりのデータを印刷表示する枠組み（様式）の作成をそれぞれExcel, Wordで分担する．WordにExcelの情報を表示するには，基幹的機能として差し込み機能を使い，引き出した情報から二次的な情報を導出することで印刷表示が完成する．この差し込み機能そのものがフィールド機能であり，二次的情報導出にもフィールド機能を利用するわけである．例えば，ExcelからWordの差し込み機能で引き出され

た卒業年月日とコンピューター内部の日付を比較して，"卒業"または"卒業見込"の文字列を切り替えて表示するのに Word の IF フィールドを用いる，Excel から同様にして引き出された各学年各科目の評定は評定から評定平均値という二次的情報を導出して表示するのに Word の IF フィールドと計算式フィールドを組み合わせて使う．

このように説明すると，Excel の関数などに詳しい人は，「Excel と Word で分担しなくても，すべて Excel でやってしまえばよいではないか．Word のフィールドでやっていることは，Excel の関数でもっと簡単に，しかもより高度なこともできる．」と主張するだろう．確かにその通りである．しかし，Word は印刷専門のソフトなので Excel よりも印刷に関しては有利な点が多々ある．それは見た目だけでなく，機能的な面についても言える．例えば，Excel の印刷プレビューは実際の印刷イメージと異なることがあるが，Word ではほとんどそのようなことがない．そして，差し込み機能はかなり強力で，接続されたデータへの操作など結構いろいろなことができる．ひとつ例をあげれば，Word の差し込み機能とフィールド機能を用いれば，Excel では VBA を使わないと効率的にできない大量一括印刷がメニュー操作のみで VBA も使わず簡単にできてしまうという点がある．

フィールドを挿入するときは，挿入したい部分にカーソルをもってきて，日付フィールドや差し込みフィールドのように専用の挿入ボタンをクリックするか，一般的には次のようにする．

「挿入タブ」→「クイックパーツ」→「フィールド」または Ctrl+F9

前者の場合には画面が表示され，フィールドコードの入力が支援される．フィールドの中にはコードを記述する．具体的には {} の中に数式などを記述する．これは Excel の数式によく似ている．Word のフィールドの {} は

{IF {=COUNT(C21:E26)} > 0 {=AVERAGE(C21:E26) ¥#"0.0"} ""}

図 **2.1** フィールド

キーボードから入力したものとは異なり，必ず Ctrl+F9 で入力する．よく見ると括弧の周囲は点線で覆われているのが分かる．

このようにフィールドの表示と実体はずいぶんと違う．いくつか例を示そう．

今日の日付の場合，

表示 平成 22 年 9 月 6 日

実体 {TIME \@ "ggge 年 M 月 d 日"}

となる．このフィールドは「自動的に更新する」をチェックした場合に挿入され，チェックをはずすと表示文字列がそのまま挿入されるだけである．「TIME」がフィールドで，現在の時刻の情報が格納されている．Excel ワークシートのあるセルに関数「=NOW()」が挿入された場合とよく似ている．\はスイッチと呼ばれるもので，「\@ "ggge 年 M 月 d 日"」は表示形式を和暦にする．これを取り除くと表示は「10:19 AM」になり，これを「\@ "ggge 年 M 月"」に変えると「平成 22 年 9 月」になる．

フィールドを挿入しそこにカーソルをもってくると，フィールド部分は背景が網掛けになる．その状態で

「右クリック」→「フィールドの編集」または Shift+F9

とすればフィールドの編集ができる．編集後は明示的にフィールドを更新しなければ表示が更新されない．すなわち，フィールドにカーソルをもってきて，

「右クリック」→「フィールドの更新」または F9

とする．

フィールドは，文書内部（場合によっては外部）に埋め込まれている見えない情報を参照して画面表示することができるが，すでに文書に画面表示されているいくつかの情報に演算を施して文書の別の場所に画面表示することもできる．これは決算書などで表計算を行うような場合である．これは Excel とほぼ同じ感覚である．

2.2.2 フィールドの活用具体例

差し込み文書

　Word 差し込み文書作成の場合，Excel データの生年月日の形式が日付であるとき，Word 文書での表示形式が和暦になってくれない場合がある．例えば米国形式 9/6/2010 のように．これを解決するために，Excel データの生年月日を文字列にしてしまうという方法がある．しかし，日付データは計算が可能であることを考えると，後々の利便性を犠牲にしてしまう可能性がある．このように，表示形式を自由に制御できるのに，表示のためだけにその都度日付や数値を文字列に変換するのは効率性に問題がある．Word ではまさにフィールドの表示形式をスイッチによって制御すれば，Excel データに変更を加える必要がない．

　まず，差し込み文書のフィールドの活用例をあげよう．Excel データの項目「生年月日」を差し込みフィールドとして挿入した場合である．

表示　平成 5 年 1 月 1 日

実体　{ MERGEFIELD 生年月日 \@ "ggge 年 M 月 d 日" }

　「MERGEFIELD 生年月日」は差し込みフィールドボタンで挿入されるフィールドで，これにスイッチ「\@ "ggge 年 M 月 d 日"」を手動で書き込んで書式を和暦にしている．

表計算

　次に，Word 文書で表計算を行う場合のフィールドの活用例をあげよう．Word 文書に作成された表で計算を行う場合，Excel と同様の計算式を設定することで実現できる．計算式はフィールドとして挿入される．

　調査書文書の場合，科目評定，科目修得単位数計，授業日数，忌引き等日数，欠席日数は大きな表のセルに Excel データから差し込みフィールドとして設定される．このとき，評定平均値，修得単位数総計，出席日数は科

目評定，科目修得単位数計，忌引き等日数，欠席日数から導出できる．これを実現するために計算式を設定してみよう．

全体評定平均値が入るべきセルを見てみよう．

表示　3.7

実体　{ = AVERAGE(C10:E39,I10:K37) \# "0.0" }

　表のセル範囲 C10:E39 と I10:K37 はすべての科目評定値が入る範囲で，少なくとも一つは数値が入っているものと仮定する．一つも数値が入っていないことも想定すると，次の述べる IF フィールドを利用しなければエラーがでてしまう．なぜなら COUNT 関数に 0 による除算が含まれてしまうからである．スイッチ「\# "0.0"」は数値の小数第 1 位まで四捨五入して表示する形式を指定する．各教科別評定平均値が入るべきセルは次のように設定する．

表示　4.0

実体　{ IF { = COUNT(I31:K35)} > 0 { = AVERAGE(I31:K35) \# "0.0" } "" }

　カリキュラムの選択教科・科目によっては特定の教科を全く履修していない場合も想定され，その範囲では数値が空欄になる．そのため，空欄であることを論理式{=COUNT(範囲)}>0 で判断し，これが FALSE の場合は結果がエラーの{=AVERAGE(I31:K35) \# "0.0"}ではなく空白""が表示されるようにしている．Excel の IF 関数の使い方とほぼ同様である．ここでは，フィールドの中にフィールドが入った入れ子構造になっている．中のフィールドコードを表示するには外のフィールドコードを Shift+F9 でまず表示して，中のフィールド部分を選択して Shift+F9 でさらに表示しなければならない．複雑になれば多少編集に戸惑ってしまう．また，修得単位数総計が入るべきセルを見ると次のようになっている．

表示　93

実体 { = SUM(F10:F39,L10:L37,K38) }

表のセル範囲 F10:F39 と L10:L37 はすべての科目修得単位数計が入る範囲，セル K38 は総合学習修得単位数計が入るセル範囲である．これらのセル範囲に数値が含まれていなくても SUM 関数はエラーをださないので IF 文によるエラー回避は必要ない．SUM(整数) は必ず整数なので書式指定のためのスイッチは使用していない．

セル B4，B5 にはそれぞれ一年次授業日数，一年次忌引等の日数が入っていて，セル B7 に計算式フィールド{ = B4 - B5 }が挿入されているとき，一年次出席日数が入るべきセルは次のようになっている．

表示 195

実体 { = B7 - F4 }

B7 はフィールド{ = B4 - B5 }の結果を参照する．セル F4 は一年次欠席日数が入るセルである．整数同士の引き算は必ず整数なのでやはり書式指定のためのスイッチは使用していない．

表計算で注意しなくてはならないことがある．表のセル参照は Excel と同様だが，例えば次の表中の数字 1 が入力されたセルのアドレス参照文字列は何だろうか．

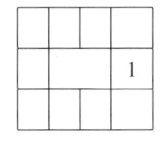

		1	

D2 であろうか．試しに直下のセルに数式フィールド{ = D2 }を挿入して F9 を押すと「!D2 は表にありません。」というメッセージが表示される．正しくは C2 である．セルの結合などで表を改造すると Excel とは異なる状況になってしまう．

日付計算の応用

　Excel では詳しい日付計算ができる．Excel で調査書を作成したとき，日付関数を利用して，卒業式の翌日から文書内の「卒業見込」という文字が「卒業」に変化するように仕組むことができる．Word でも少し工夫すれば数式フィールドで同じようなことができる．

　まず，卒業年月日は差し込みフィールドで文書に埋め込まれるとしよう．

表示 卒業

実体 1 { QUOTE { SET gy { MERGEFIELD 卒業年月日 \@ yyyy } } { SET gm { MERGEFIELD 卒業年月日 \@ M } } { SET gd { MERGEFIELD 卒業年月日 \@ d } } { SET ny { DATE \@ yyyy } } { SET dm { DATE \@ M } } { SET nd { DATE \@ d } } { IF { =(ny>gy)+(ny=gy)*((nm>gm)+(nm=gm)*(nd>gd)) } = 1 "卒業" "卒業見込" } }

実体 2 { IF { DATE \@ yyyyMMdd } > { MERGEFIELD 卒業年月日 \@ yyyyMMdd } "卒業" "卒業見込" }

　いずれの実体も IF フィールド{IF 条件式 真の場合 偽の場合}を用いている．実体 2 の方が簡潔で実用的だが，実体 1 の方が勉強になるので先にあげた．まず，gy,gd,gy はそれぞれ卒業年月日の年，月，日を表す数値が入るブックマークで，これを利用して今日が卒業年月日を過ぎているかを判断する論理式

$$(ny>gy)+(ny=gy)*((nm>gm)+(nm=gm)*(nd>gd))$$

を作っている．フィールドの論理関数 AND(x,y),OR(x,y) は引数 x,y が 2 つしか取れないので，このようなブール表現式のほうが，AND,OR 関数の入れ子表現

$$OR(ny>gy,AND(ny=gy,OR(nm>gm,AND(nm=gm,nd>gd))))$$

2.2 Word のフィールド機能　　　　　　　　　　　　　　　　　　　　177

よりもが簡潔になる．さらに，このような表現を駆使すれば今日が卒業日から何年何ヶ月何日立っているかを計算することができる．実体 2 の条件式の左辺から右辺を引いても整数がでてくるが，これは経過日数を正しく表すものではない．

組版

　フィールドは一行の中に複数行の文字列を表示する場合にも活用される．典型例はルビである．Word のメニュー操作で実現されるルビや拡張書式はフィールドコードを簡潔に入力する仕組みだったのである．
　調査書での例を示そう．適当な氏名とそのふりがなをルビ機能で作成し，氏名とそのふりがなを「氏名」と「氏名のふりがな」の 2 つの差し込みフィールドに置き換える．

表示　　ふりがな
　　　　氏名

実体　{ EQ * jc2 * "Font:Ｍ Ｓ 明朝" * hps9 \o\ad(\s\up 13({ MERGE-FIELD 氏名のふりがな }),{ MERGEFIELD 氏名 }) }

　\up 13 の数値部分を大きくするとふりがなの位置を高くすることができる．これは次のように配列スイッチ\a を使っても実現できる．生年月日も含めて 3 行表示している．

表示　　ふりがな
　　　　氏名
　　　　平成 1 年 1 月 1 日生

実体　{ EQ \a\ac({ MERGEFIELD 氏名のふりがな },{ MERGEFIELD 氏名 }, { MERGEFIELD 生年月日 \@"ggge 年 M 月 d 日生" }) }

　括弧(1 行,2 行,3 行)の各行には異なる書式が適用されているが，EQ フィールド内の書式はそのまま画面表示にも適用される．

フィールドコードを直接編集することにより，細工が施された文書を作成することができる．これはテキストボックスよりも賢明な手法かもしれない．

文書プロパティの参照

フィールドは，文書の中に埋め込まれた情報を文書に表示するのにも使われる．ワープロのファイルならば，文書に入力された文字列以外で目に見える情報はファイル名と更新日時ぐらいだろう．目に見えなくともその他様々な情報が埋め込まれている．それはファイルを作成したコンピューターのユーザーに関するものであったり，使用者が明示的に埋め込んだ情報であったりする．代表的なものを挙げよう．

- タイトル（title）
- サブタイトル/件名（subject）
- 作成者（author）
- 管理者（manager）

これらは文書のプロパティとよばれることがある．() 内はこれらのプロパティを参照するときにフィールドコードに記述する文字列である．

調査書発行で活用するなら次のような使い方があるだろう．Word で作った調査書の様式を，複数の学校で，複数のクラス担任で使いまわしたりするのなら，文書ファイルを使用者に配布する前や配布後すぐに，文書のプロパティを場合に応じて書きかえるとよい．そのためには，Word の場合，文書ファイルを開いて

「Office ボタン」→「配布準備」→「プロパティ」

とするか，文書ファイルをエクスプローラー上から右クリックのプロパティで，詳細タブを選択する．

2.2 Word のフィールド機能

ユーザーにフィールドを編集させる

　役所に提出する申請書，入学のための志願票，推薦書など，必要な情報を一定の形式に従って入力してもらう場合，文書のレイアウトや書式が崩れないようにしなくてはならない．文書に表示するものは，直接指定された場所に入力してもらうのが最も分かりやすいし，実際そのようにしている．ただ，レイアウトなどをフィールド機能を利用して実現している場合は，入力するユーザーにフィールド編集の技術を要求することになる．．

　このように，Word の使い方について多少なりとも知識が必要な作業による結果を，そのような知識のほとんどないユーザーにも得られるようにするにはどうしたらよいだろうか．この場合は，FILLIN フィールドを使えばよい．下記の例は，文書の「ここにカーソルをもってきて F9 ボタン！」と表示されているところを指示通りに編集してもらうという方法である．

表示　　ここにカーソルをもってきて F9 ！

実体　{ EQ \a\ac({ fillin "ふりがなを入力して下さい．" \d "ここにカーソルをもってきて F9 ボタン！"},{ fillin "生徒氏名を入力して下さい．" \d "ここにカーソルをもってきて F9 ボタン！"})}

　Word 文書のこの表示部分にカーソルをもってきて，F9 ボタンを押すとまず次のメッセージが現れる．これにふりがな「ふり　がな」を入力し OK

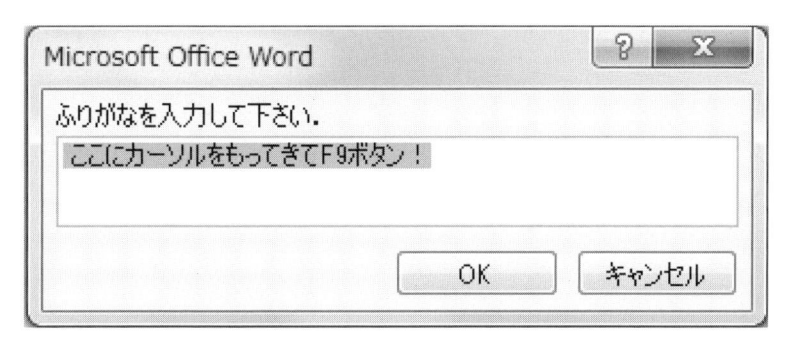

[Microsoft Office Word ダイアログ: ふりがなを入力して下さい．／ここにカーソルをもってきて F9 ボタン！／OK／キャンセル]

をクリックする．するとすぐに次のメッセージが現れる．これに生徒氏名

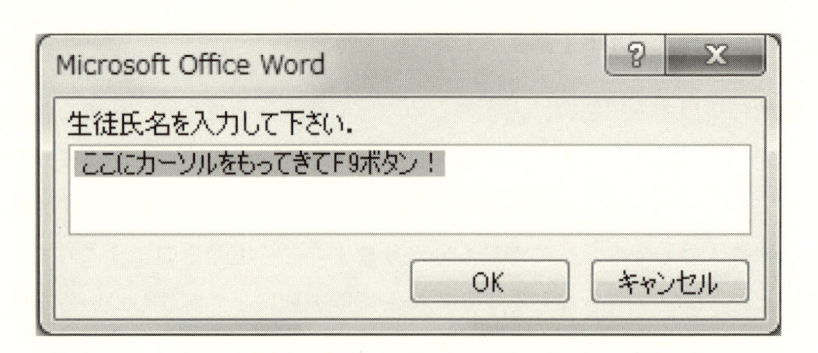

「生徒　氏名」を入力し OK をクリックする．すると表示が次のように変わる．

表示
　　　生徒　氏名
　　　　ふり　がな

このように FILLIN フィールドを用いると，フィールドコードの詳細を知らずに，フィールドによる表示を変更させることができる．しかも，レイアウトを崩すこともない．メッセージボックスがでるところは，背景に VBA を組んでいるのではないかと思わせるが，そうではなくてこれもフィールド機能の一部なのである．

第3章
Officeソフトの実務連携

Section 3.1
調査書発行

　さて，ここでモデルとするのは高等学校教員の実務で，i クラス担当教員が40人程度の調査書を作成・発行することを考える．筆者自身，調査書発行業務については，他の人が作った調査書発行システムのユーザーとして何度か関わったことがある．最近，調査書発行システムの設計・運用企画を一人で行う経験をもった．一般に調査書発行業務には，Microsoft Office の Access や Excel，管理工学研究所の桐，FileMaker などを使っていることが多い．Access, 桐，FileMaker はデータベースだから，うまく使いこなす人がいれば多種のデータが必要な調査書発行に便利である．Excel は調査書の様式をつくるのに適していることはもちろん，何よりユーザーの多さからよく使われる．しかし，例えば Excel だけでシステムを作り上げるとなると，いろいろな工夫が必要になり，VBA などの知識が必要になる．

　いずれにしても，プログラミングなどの技術のない一般ユーザーでは調査書発行システムの作成は困難だと思われている．確かに，調査書で使われる様々なデータを様々な用途に活用できるように管理するシステム，つまりデータベース管理システムを作成するのはかなりの知識と経験を必要とするが，ここではそのようなシステムのもつ機能の一部である印刷発行に特化したシステムを考えている．評定などの数値データはすでに確定し

たものなので編集する必要はない．所見データのみ入力して，見栄えの良い画面で数値データとともに印刷できればよいのである．

統合されたデータの整理に表計算ソフトを使い，データ配置を調整して印刷するのにワープロソフトを使えばよいのである．これら2つのソフトを連携する場合，Officeソフトが連携することを念頭に開発された製品を用いれば，一般ユーザーでも，Officeソフトを連携するスキルを身に付ければ，プログラミングができなくても調査書発行システムの作成は可能である．一回きりの英数国3科目実力テストの個人成績票を一クラス分印刷することを考えよう．準備するのは番号，氏名，各科目の得点と合計得点を列項目とする一覧表と，全員分の集計データで，表計算ソフトで準備できる．一覧表への入力は各科目の採点担当者に入力してもらえば完成し，集計データは表計算ソフトの標準機能ですぐでてくる．問題は，一人ひとりの個人票を同じ表計算ソフトで印刷するか，もう一つのOfficeソフトであるワープロソフトで印刷するかである．表計算ソフトで行うときは，一覧表から引っ張ってきたデータを切り替えながら印刷することになるが，手軽にワンクリックで全員分印刷するためにはどうしてもプログラミングが必要になる．しかし，ワープロソフトには差し込み印刷という標準機能が備わっており，これを使えば手軽にワンクリックで全員分印刷できる．もちろん，表計算ソフトの一枚のワークシートに様々なデータを統合するという作業が必要だが，それはプログラミングなどを必要とせず，多くの手引書に解説してある方法で実行可能である．このワープロソフトが標準で備える差し込み印刷機能を用いて，表計算ソフトの一覧表データ（テキストファイルでもよい）の準備さえできれば，比較的簡単に大量の調査書発行がワンクリックで可能なのである．もちろん，指定生徒だけの調査書も可能である．これを用いない手はない．

それでは，一覧表データはどのようにして準備すればいいのだろう．上記の例のように，評定など数値データは科目担当者がすでに入力済みのデータが教務に管理されているはずである．それらを3学年分まとめあげることが唯一の関門といえる．データを一つの大きな表にしてしまうのである．

列項目数は 100 を超えるだろう．しかし，プログラミングなどができなくても，表計算ソフトの主な標準機能を使いこなせる人なら，何人かの協力を得て，これは可能である．次に所見データは，この大きな表にさらに列項目を追加して，担任が入力する．このとき，担任は表計算ソフトのファイルを占有して使うので，この大きな表をクラス別にファイル分割をしておく．したがって，調査書発行はクラス単位で行うことになる．

以下で，もっと具体的に解説を始める．表計算ソフトとワープロソフトとして Microsoft Office の Excel と Word を用いることにする．

調査書　　第　　号

※	※	※	※
1．氏名（ふりがな）	ちょうさしょ　たろう 調査書　太郎 平成4年12月25日生	性別 男	現住所　○○県△△市□□区××１丁目１番地
学校名　公立		平成 20 年 4 月　入学	
全日制	普通科	平成 23 年 3 月　卒業見込	

2．各教科・科目の学習の記録

教科	科目【普通教科に関する教科・科目】	第1学年	第2学年	第3学年	修得単位数の計	教科	科目	第1学年	第2学年	第3学年	修得単位数の計
国語	国語総合	5			4	芸術	美術 I	3			2
	現代文		3	3	4		美術 II				
	古典		3		2		美術 III				
	古典講読						書道 I				
地理歴史	世界史 A	3			2		書道 II				
	世界史 B					外国語	オーラルコミュニケーション I	3			2
	日本史 A						英語 I	3			3
	日本史 B						英語 II		3		5
	地理 B		3	4	3		リーディング			3	5
公民	現代社会		4	3	2		ライティング				
	政治・経済					家庭	家庭基礎	3			2
数学	数学 I	5			3	情報	情報 A	5			2
	数学 II		5		4						
	数学 III			5	5		【専門教科に関する教科・科目】				
	数学 A	5			2	体育					
	数学 B		5	5	3						
	数学 C			5	2	美術					
理科	理科総合 A					音楽					
	理科総合 B	5			2						
	物理 I					英語					
	物理 II										
	化学 I		5	5	5	家庭					
	化学 II			5	2			4			2
	生物 I		5		3				4	4	2
	生物 II			5	3				4		2
保健体育	体育	3	3	3	8					4	2
	保健	3	3		2						
芸術	音楽 I										
	音楽 II					総合的な学習の時間					3
	音楽 III					計					93

3．各教科の評定平均値	教科	国語	地理歴史	公民	数学	理科	保健体育	芸術	外国語	家庭	情報	環境	全体
	平均値	3.5	3.3	3.5	5.0	5.0	3.0	3.0	3.0	3.0	5.0	4.0	3.9

4．学習成績概評	成績段階別人数										
B 段階	A	53 人	B	153 人	C	120 人	D	12 人	E	0 人	合計 338 人

図 **3.1**　調査書の一部

Section 3.2
Excel でデータ準備

　全生徒に関する情報データをシンプルな表にまとめる．第 1 行は列項目のタイトル行とし，第 2 行目以降に各生徒のデータが並んでいるようなものである．列項目を大きく分類すると，生徒マスタ，成績，出欠，活動記録と所見に分類できる．また分類名後の () 内数字は項目数である．

生徒マスタ (9)　第 3 学年 ID, 組, 学籍 ID, 番号, 氏名, 氏名のふりがな, 性別, 生年月日, 郵便番号, 住所, 保護者氏名, 入学年月日, 転入学, 卒業年月日

成績 (149)　[科目名]_[学年番号 1 桁]（履修科目評定）：例では 79

　　[科目名] 計（履修科目修得単位数計）：例では 54

　　[教科名]（教科別評定平均値）：例では 15

　　全体（評定平均値）

出欠 (12)　授業日数_[学年番号], 忌引等の日数_[学年番号], 欠席日数_[学年番号], 欠課時数_[学年番号], 総学欠課時数_[学年番号],LHR 欠課時数_[学年番号], 遅刻回数_[学年番号], 早退回数_[学年番号], 出欠備考_[学年番号]

活動記録と所見 (23)　前期委員名_[学年番号], 後期委員名_[学年番号], 生徒会活動_[学年番号], 特別活動所見_[学年番号], 指導参考事項 [学年番号]_ [項目番号], 総学内容, 総学評価, 部活動名_[学年番号]

　項目列数は約 200，行数は約 400 の大きな一覧表になる．
　項目の中には Word の差し込みフィールドとして用いる必要がないと思われるのもある．しかし，これらの項目の中には，事実上は必須である，Word に差し込みフィールドとして採用した方がよい，というものもある．

例えば，出欠備考に皆勤と表示するためには，遅刻回数等がすべて 0 であることを知る必要があるからだ．

　また，この一覧表をつくるためには教務関係の様々なデータを統合する必要があるが，教務にどのような形式でデータが保存されているかによって一覧表作成の作業量や作業難度が変わる．各学年での履修単位数や委員会活動の記録が電算データとして存在しない，生徒マスタの管理があいまい，もし生徒マスタを学年で管理していても生徒に固有の学籍 ID を付与していない，などの不完全な情報管理しかされていない場合が多々ある．これらの問題は，学校に在籍する生徒の情報をデータベースできちんと管理すれば問題はすべて解決するが，様々な事情で今の公立学校現場ではそれが実現しにくい環境になっている．

　さて，ここで重要な問題に触れておこう．それはデータの共有についてである．校内 LAN が普及していなかった頃は，準備された一学年分のデータを数クラス分に分割して担任にフロッピーディスクなどの媒体で配布し，各担任がそのデータと各担任が付け加えたデータを使って調査書を発行していた．学期が変わってデータの更新が必要になると数枚のフロッピーディスク上のデータを手作業で更新する．一度物理的接続が切れたデータの一部を更新するのは面倒である．LAN があればデータの共有が可能になる．この場合には，フロッピーディスクが LAN 上の適当なフォルダになる．VBAなどを使えば，この更新作業を自動化することができるが，それには VBAの知識がいる．Excel の標準機能でこれと同等以上の作業を行うには，外部データ取り込み機能を使うとよい．

Section 3.3
Word で印刷様式作成

基本用紙設定 サイズ：A3，向き：横，段組み：2 段

表作成機能 様式詳細に従って設計する．特に 100 以上の評定・単位数計の数値を配置するセル範囲のサイズを予測しながら行うとよい．

　Word での作表は，罫線を描くことである．Excel のように最初から方眼紙のようになっているわけではないので Excel での作表よりもテクニックを要する．人間は，同じことを実現するのに複数の手法があれば，より簡単な手法を選ぶので，作表は圧倒的に Excel で行われることが多い．しかし，時間はかかるが Word でも日本固有の罫線を多用した複雑な表を見栄えの点でも Excel に引けを取らないものができる．そもそも，印刷表示専門のソフトは Word の方であるから，Excel でも Word に見劣りしない複雑な表を印刷表示できる，というべきである．Word の表が Excel の表よりも印刷表示の点で優れていることを一つだけ紹介しておこう．

　例えば，所見のような文章を長方形状のセルに表示することを考える．文章によっては短かったり長かったりするから，最大の長さを想定して十分大きく作っておけば Word でも Excel でも問題はない．しかし，最大の長さの想定に失敗すると，Excel では表示できないことがおこり，セルの大きさやフォントの大きさを設計し直さなくてはならない．ところが，Word のセルは長さによって伸縮してくれる．また，Excel では印刷プレビューがあてにならないことがよくおこるが，Word ではそのようなことはない．

Section 3.4
Excel データを Word に差し込む

　Excel データの表はデータベースのテーブルに相当する．Word の差し込み印刷機能によって Word は次のようにしてデータベースのテーブルを読み込む．

　SQL とは，データベースの業界標準リレーショナルデータベース管理システムにおいてデータを操作する言語（構造化問い合わせ言語，Structured

3.4 Excel データを Word に差し込む

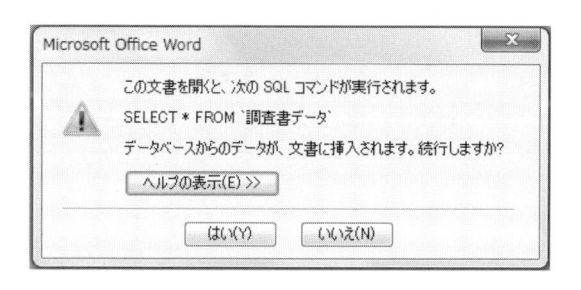

図 3.2　差し込み文書を開くとき

Query Language）のことである．Word はデータベース機能をちゃんと備えているのである．

さて，Word の差し込み文書作成機能を使い，調査書様式の表の各セルに該当する差し込みフィールドを挿入していく．とくに数の多い評定の挿入ミスが起こりやすく大変だが，これさえできればほぼ調査書システムは完成する．残るのは細かい調整だが，現実の業務ではこれがなされないと使い勝手が大きく下がることがある．ここでは，細かい調整を Excel ではなく，Word 側で行う．具体的には Excel では必要最小限の情報データだけを管理し，数式もほとんど用いない．各レコードの数値の集計値などの 2 次情報は Word のフィールド機能ですべて計算する．しかし，レコード全体の集計値（学年全体の評定分布など）だけは一つのレコードからは計算できないので，全体のデータが存在する Excel 側で計算し，その同一の集計値を表示する列を Word に差し込んでやるとよい．（この作業を Word に直接書き込むということも考えられるが，できるだけ自動化したいものである）

Section 3.5
Excel データの所見入力

Excel データの所見は，各クラスの担任が 1，2 年分は指導要録から，3 年分は新規に入力する．所見データは全クラスのデータをまとめた調査書データ.xlsx ではなくて，各担任 i が占有する調査書 i.xlsx に管理する．調査書 i.xlsx には調査書データ.xlsx にリンクした全クラスのデータ一覧表がすでに存在する．所見はこの表に列を追加してそこに入力すればよいのだろうか．これはやめたほうがよい．なぜなら，リンク元の調査書データの行を削除した場合，リンク先のデータ行も消えるが，リンクしていない列データは更新の影響を受けない．その結果，行データが破壊されてしまう．そもそも所見は全クラス分ではなく i クラス分だけであるから，これは別シートに管理するべきだ．そして，リンク先のデータ表に列を追加して，所見データを呼び出す検索関数を使う．こうすればデータ更新の際に行データが破壊されることもないし，別シートで所見データを集中的に編集することもできる．

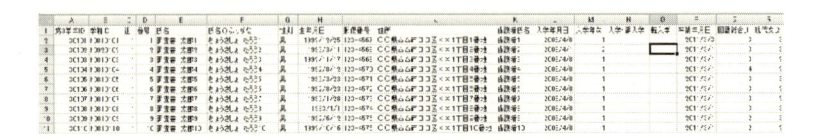

3.5.1 データフォームの利用

多数件の多数項目のデータをテーブルの形式（一覧表）のまま入力するよりも，カード形式の画面に一件一件データを表示して編集することはよく行われる．Excel2007 では以前のバージョンのように初期設定ではメニューからたどることはできないので，クイック アクセス ツールバーに [フォーム] を追加する．その方法は，

1. クイックアクセスツールバーの横の矢印をクリックし,「その他のコマンド」をクリック.

2. 「コマンドの選択」ボックスの一覧の「すべてのコマンド」をクリック.

3. リストボックスで,(フォーム)をクリックし,「追加」をクリック.

ただし,フォームはデータの項目列の表示数が 32 を超えると使用できないので,編集不要な項目列を非表示にして 32 以下の列数にして使用する.もちろん,VBA を使ったオリジナルのユーザーフォームのような柔軟性はないので使いにくい場合もある.

3.5.2 ワークシート直接編集

データフォームを利用しない場合は,一覧表データを直接編集することになる.

列幅・行高の調整

所見は数十文字の文字列なので普通のセルでは全体をみることができない.行の高さを 1 文字分として列幅を最大文字数分とると,横幅をかなりとることになるので,代わりに行の高さを数行分とったほうがよいだろう.1 クラス分一括して揃える場合は予めすべての行を選択し,どれかの行の高さを調整すればすべて同じ高さになる.このとき,入力対象セル範囲を選択し,「ホーム」→「セルの書式設定」→「配置」: 文字の制御において,「折り返して全体を表示する」にチェックしておく.

ウィンドウ枠の固定,列の非表示

複数の所見は画面に占める場所が大きいので,何度もスクロールすることになる.このとき,誰の何のデータを編集しているかを分かるようにす

るため，氏名列やタイトル行を固定（「表示」→「ウィンドウ枠の固定」）したり，表示する必要のない列を非表示にしたりするとよいだろう．とくに，数値データを誤って編集してしまわないように編集不要の列を非表示にすることはやっておいた方がよい．こうしても，差し込み印刷に不都合はない．

3.5.3 その他

ワークフローは「Excel データ編集後保存終了→Word 印刷出力」が基本である．このとき，Excel データ編集時に Excel データファイルを開いたまま，すぐ印刷イメージを確認したい場合がある．これは差し込みデータの切り替えか，結果プレビューボタンの切り替えによってできるようだ．

第4章
Officeソフトの高度な連携と限界

　今までは，Officeソフトの標準的な機能を駆使して一定の業務を実現する具体例を解説してきた．実を言うと，この手法で実際の具体的業務を実現した経験は私には少ない．やはり，実際に業務に使えるシステムはExcelのマクロやAccessといったデータベースを使いこなすことが結局は手っ取り早いことになるということを最後に述べておこう．マクロやデータベースが難しいからこのような標準機能を駆使する方法を紹介しておいて何を今更と言われるかもしれないが，最後に本音も述べさせていただきたい．

　私が理想と考えているシステムと運用実績のあるシステムは，例えば調査書発行システム（中身は指導要録データベース）や校内の定期考査成績処理システム（成績データベース）である．これはきちんと設計されたリレーショナルデータベース（Accessファイル）を中核として，そのインターフェイスとしてExcelを用いるものである．データベースは一つだが，これに接続するユーザーはたくさんいる．1つのAccessファイルに一度にたくさん接続を立ててしまうと同時利用は数ユーザーに限られると言われているので，Excelに一旦読み書き用のデータをAccessファイルに接続してとりだし，変更は各ユーザーのパソコンで行い変更を反映させる際に再びAccessファイルに接続する．複数のユーザーが同時に接続を立てようとしたら排他制御をする．変更の反映は数ミリ秒で終了し接続を切るので実際に同時接続がたつことはあまりない．こうして一つのデータベースを複数のユーザーがあまりストレスなく共有することができる．

　これらのことを実現するにはやはり専門的な知識がいる．まず，リレー

ショナルデータベースそのものをある程度理解しておくこと，データベースと接続するための ADO というプログラミング技術をマスターすることが必要である．そして ExcelVBA コードの中に，リレーショナルデータベースにおける SQL という言語や ADO コードを記述することができなければならない．

　これらはそれぞれの専門書をある程度読みこなすことができれば，実際に使いこなすことができる．そして，システムはかなりいいものが出来上がる．これらの専門書は，通常の書店に行けば市販されているごく普通に入手できる専門書であり，私自身，誰からアドバイスされることもなく，必要なことは何かを考えながら本を入手し，技術をみにつけていった．それを本業としているわけではないから，一定のレベルに達するには少なくとも 5 年はかかると考えてよい．

　こうは書いているものの，この手法を詳細に紹介しなかったのは，本業でシステム開発をする人でもない限りやはり難しいからだ．例えば教員のような本業を他に持っている人には，意欲はあっても，このようなことに挑戦してほしくない．もし，システム開発以外の本業を持った人がシステム開発の技術をマスターしようとすることを奨励している組織が存在するなら，そのような組織はいずれ立ち行かなくなるだろう．一人の人がたくさんのことを一度にやると一つ一つの業務遂行能力は低下してしまう．もし，それをきちんとやりこなすことが一時的にできても，いずれ身体的，精神的な障害をおこしてしまうだろう．そうなれば，本来できるはずだった業務量すらこなすことができないことにもなりかねない．これは当人はもちろん，その人を使う立場にある人にとってもマイナスの効果でしかない．

　時代が進めば物事は発展して専門化・高度化し，すべてを深く理解出来る人などいなくなる．そんな時に全てを全力でやろうとする人は壊れてしまう．できることに選択と集中をし，やらなければならないことはみんなで分業していくのだ．誰が何を選択して集中すればよいか，それらをマネジメントすることが大切だ．

関連図書

[1] 山本幸一「順列・組合せと確率 (数学入門シリーズ 5)」岩波書店，1983

[2] マイベルク／ファヘンアウア共著，及川正行訳「工科系の数学 (7 フーリエ解析)」サイエンス社，1998

[3] 谷川明夫著「フーリエ解析入門」共立出版，2007

[4] Andrew Savikas 著，日向あおい訳「**Word Hacks**」オライリー・ジャパン，2005

[5] 佐藤竜一「エンジニアのための Word 再入門講座」翔泳社，2008

[6] 五十嵐紀江「Word アレルギー解消マニュアル」秀和システム，2009

[7] 古川順平「仕事に役立つ Excel データベース」SOFT BANK publishing，2004

　教養的な内容の第 1 部は他を参照することなく読めるように書いた．山本 [1] はまさに数学の教養のためのシリーズの一冊である．このシリーズで少なくとも高校数学程度までの教養を確認することができる．第 1 部は大学 1，2 年程度の応用数学が中心なので，マイベルク／ファヘンアウア [2] や谷川 [3] は Laplace 変換や離散フーリエ変換について参考になるだろう．

　Andrew [4]，佐藤 [5]，五十嵐 [6] は第 2 部の Word のフィールド機能に関する記述が載っていることで挙げている．世に出ている Word の参考書は多いが，Word の強力機能であるフィールド機能を解説しているものは非常に少ない．Excel についての参考書は非常にたくさんでているので自分に合ったものを選ぶとよいだろう．ここでは古川 [7] を挙げておく．

索引

Newton 力学, 110

RLC 直列回路, 32
IDFT, 128
Einstein 方程式, 137
Einstein の重力理論, 135
Access, 171
安定性, 109, 111, 117

EQ フィールド, 167
位相, 63, 86
位置演算子, 55
位置ベクトル, 69
一様収束, 116
一般相対性論, 135, 136, 138
IF フィールド, 161, 164, 166
因果律, 117, 120
インパルス応答, 74, 76, 77, 109

運動エネルギー, 34, 43, 56
運動方程式, 51, 54, 55, 62, 67
運動量演算子, 53, 55, 56
運動量流密度, 43

Excel, 153, 155–158, 160–166, 171, 173, 176, 177

Excel2007, 178
SQL, 176
エネルギー運動量テンソル, 137
エネルギー密度, 41, 43
エネルギー流密度, 43
エネルギー流密度ベクトル, 43
エレクトロニクス, 49
演算子, 52–55, 88, 100
演算子法, 78, 109, 117

Euler の公式, 29, 30, 37, 40, 46, 49, 68, 71
OpenOffice, 153
Ohm の法則, 32, 34, 35, 40, 41, 46, 47

Gauss 型関数, 84
Gauss の定理, 42
角周波数, 30, 32, 35, 69
角振動数, 30, 40, 50, 53, 62, 75, 80, 125
角速度, 147, 148
確率, 13, 15, 16, 20–23, 25, 64
確率振幅, 49, 63, 64, 67, 68

確率分布, 15
確率密度, 64, 65
確率流密度, 64–67
荷電粒子, 34
過渡応答, 101
完全順列, 13, 14

期待値, 15–17, 20, 22, 24
軌道, 67, 136, 137, 141, 142
逆 Fourier 変換, 69, 72, 75, 87, 88, 124
逆 Laplace 変換, 88, 109, 113, 115, 116
逆離散 Fourier 変換, 127, 128
球面極座標, 146
球面極座標系, 144
強制振動, 32, 33, 35, 49, 101
極, 108, 109, 111–118, 120, 121
曲線座標系, 138
曲率テンソル, 137–141, 146
虚数, 29, 31, 32, 44, 47, 49, 58, 68, 112, 113, 115, 116
虚部, 30, 36–38, 46, 64, 118, 120

空間微分演算子, 35, 44, 52
空間並進対称性, 51, 54, 56
屈折波, 51, 58–62, 64, 66–68
組合せ, 17
クラウドコンピューティング, 153
Cristoffel 記号, 138–141, 145, 146

群速度, 50
計算式フィールド, 161, 165
計量, 136, 138, 139, 145
現象論的 Maxwell 方程式, 30, 68
現代制御, 110

コイル, 32
広義積分, 70–72
光子, 43, 49, 61, 86
高速 Fourier 変換, 122, 133
恒等式, 34, 111
Cauchy の主値, 97, 98
古典制御, 110
コヒーレント状態, 86
固有関数, 52, 53, 56
固有値, 52, 53, 56
コンデンサ, 32

最小不確定性関係, 86
最小不確定性の状態, 86
差し込み印刷, 155, 160, 172, 180
三角関数, 29, 30, 37, 77, 78, 89

時間微分演算子, 35, 52
時間並進対称性, 51, 56
時空, 135–139
試行, 15, 16
事象, 15
指数関数, 14, 29, 30, 32, 41, 46, 63, 68, 89, 102, 108, 109

実関数, 113, 121
実係数多項式, 112, 113, 115
実係数有理関数, 115, 117
実部, 30, 36, 38, 41, 98, 116
周期, 69, 79, 124, 128, 131, 133
周期関数, 123–125, 127
周期接続, 124, 125
重力, 135–137
重力場, 135–137
縮約, 137
Schrödinger 方程式, 49, 52, 62, 64, 68
純虚数, 62, 67
常微分方程式, 102
初期条件, 33, 91, 100, 101, 108, 142, 147
信号処理, 70, 92

数式エディタ, 154
スカラ曲率, 137
スクイーズド状態, 86

斉一次形式, 138
正規分布, 84, 86
正弦波, 69, 79, 80, 83
斉二次形式, 138
絶対可積分, 70, 71, 75, 96
絶対値, 38, 49, 69, 79
漸化式, 14
線形, 35, 36, 100

線形結合, 88, 112, 121
線形システム, 76–78, 99, 100, 110, 117
線形性, 30, 37, 40, 49, 68, 76, 88, 90, 100
線形波動方程式, 30, 31, 37, 48
線形微積分方程式, 33
線形微分方程式, 49, 77, 78

測地線, 138, 141, 142, 144
測地線方程式, 137–139, 141
存在確率, 49, 64
損失項, 48

帯域制限信号, 123, 126, 128
大円, 146, 148
対称性, 51–53, 56, 57, 61
多項式, 88, 89, 111
畳み込み, 75–77
単色平面波解, 40, 46

超関数, 74, 92, 96

直線座標系, 138

通信工学, 48

DFT, 127, 128, 133
定数係数 2 階線形常微分方程式, 101
Taylor 展開, 14

データベース, 151, 153, 171, 175, 176
データベースクエリ, 157–159
TeX, 154
デルタ関数, 74–76, 79, 90–92, 117
電圧降下, 32
電荷, 32, 34, 49
電荷密度, 34, 35
電気回路, 30, 32, 34–36, 49, 68, 78, 117
電気回路理論, 30
電気工学, 32
電気抵抗率, 34
電気伝導, 34, 35
電気伝導率, 34, 40, 41
電子, 49–51, 63, 64, 67
電磁気学, 29–31, 34
電子波, 49, 50, 56, 60–64, 68, 69
電磁場, 33–37, 41–43, 47, 86
電磁波, 36, 40, 41, 43, 49, 59, 61, 62, 69
電弱相互作用理論, 31
電磁誘導, 32
電信方程式, 48
テンソル, 138
伝達関数, 77, 108–110, 117
電流, 32, 33, 41–43
電流密度, 34, 35

統計力学, 135
同時固有関数, 53, 55, 56
透磁率, 40
導体, 34–36, 40–43, 46, 48, 49
特殊相対性理論, 31, 43

入射波, 56–59, 63, 65, 67
Newton 力学, 50–52, 55, 63, 67, 136

除きうる特異点, 73

Heisenberg 方程式, 68
波数, 30, 31, 37, 40, 41, 46, 61, 69
波数ベクトル, 35, 36, 49, 50, 57, 59–63
波動関数, 49, 50, 52–54, 56, 59, 64, 68
波動方程式, 31, 51, 61, 62
反射波, 58–60, 62–65, 67
反転公式, 75, 88, 116, 117

PDF, 154
微分演算子, 50
微分積分, 32, 33, 77
微分方程式, 100, 101, 107, 108, 110
ピボットテーブル, 155
表計算, 153, 160, 162, 163, 165
表計算ソフト, 172, 173
標準偏差, 82–84, 86

表皮効果, 41
標本化定理, 122, 124, 125

フィールド, 160–164, 166–168, 170
計算式フィールド, 160, 161, 170, 177
フィールドコード, 161, 164, 167, 168, 170
VBA, 155, 161, 170, 171, 179
FILLIN フィールド, 169, 170
Fourier 解析, 70, 77, 84, 122
Fourier 級数展開, 125, 127
Fourier 変換, 69, 70, 72, 75–80, 82–84, 87, 92, 96, 98, 99, 101, 123, 125–128
不確定性関係, 83, 84, 86
複素振幅, 49, 101
複素数, 29, 31, 32, 35, 36, 49, 64, 68, 69, 112, 116
部分分数分解, 111
Plancherel の定理, 79, 81, 84
文書のプロパティ, 168
分数式, 111, 112

平均, 82, 84, 86
平面極座標, 141
平面極座標系, 145, 146
べき級数, 29, 30, 73
Heaviside 関数, 56, 91–93, 96, 98
Bernoulli 試行, 22

偏角, 38
変数分離, 57
偏微分方程式, 34, 36

Poynting ベクトル, 43
方形波関数, 92
保存則, 51, 56, 61
ポテンシャル, 50–52, 56, 63, 64, 136

Microsoft Office, 153–155, 171, 173
Maxwell 方程式, 33, 35–37, 40, 42–44, 47–49, 61, 62

有界変動, 70, 72, 75
誘電率, 35, 40
有理関数, 111, 112, 114, 120

LaTeX, 154
Laplace 変換, 76, 78, 87–93, 96, 98, 99, 101, 107–110, 116, 117

Riemann 幾何学, 135, 138
離散 Fourier 変換, 122, 123, 126, 127, 133
Ricci スカラ, 137
Ricci テンソル, 137
流体, 34
量子エレクトロニクス, 87
量子化, 128

量子光学, 86
量子電磁力学, 31
量子力学, 49, 52–55, 63, 67, 68,
　　　　84, 110, 135
リレーショナルデータベース管理
　　　　システム, 176

レーザー, 86, 87
連続の式, 34, 43
連続微分可能, 53, 70, 90, 92, 94,
　　　　95

Word, 153–156, 160, 161, 163, 166–
　　　　169, 173, 174, 176, 177
ワープロ, 153
ワープロソフト, 172, 173

著者紹介：

松延宏一朗（まつのぶ こういちろう）

 1967 年 福岡県生まれ
 1990 年 九州大学工学部電子工学科卒業
    民間企業勤務などを経て
 1994 年 福岡県立高校数学教員
 現在に至る

 著書：科学ファンのための理工系数学（現代数学社）

数理的人生 ～教養と実務～

2012 年 6 月 20 日 初版 1 刷発行

検印省略	著　者　　松延宏一朗 発行者　　富田　淳 発行所　　株式会社　現代数学社 〒606-8425 京都市左京区鹿ヶ谷西寺ノ前町 1 TEL&FAX 075 (751) 0727　振替 01010-8-11144 http://www.gensu.co.jp/
© Koichiro Matsunobu, 2012 Printed in Japan	印刷・製本　　亜細亜印刷株式会社 落丁・乱丁はお取替え致します．

ISBN 978-4-7687-0415-8